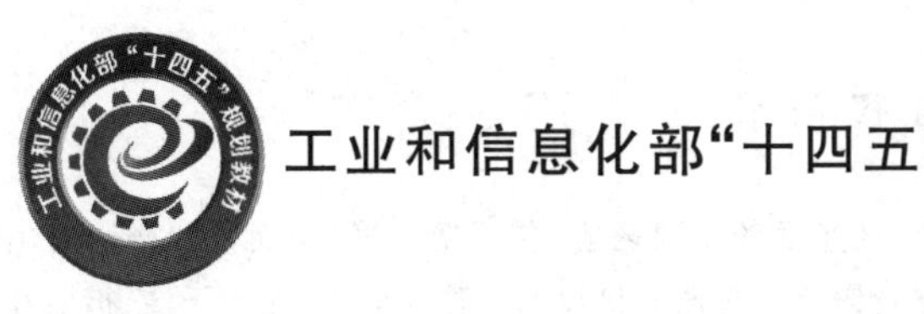

物理实验(光学)

徐平　安炜　王峥　刘佳　编著

北京航空航天大学出版社

内 容 简 介

本书涵盖了大学物理实验课程中几何光学与波动光学的主要内容，包括薄透镜、球面镜和透镜组焦距测量，用诺莫图法分析物像关系；分光计的调整、棱镜光谱仪和光栅光谱仪的搭建和应用；光的干涉、衍射和偏振特性研究；迈克耳逊干涉仪的调整、傅里叶变换光谱仪的搭建和应用等。在教学安排上，完成所有实验内容需要约 48 学时；如根据各章的讨论题在实验中安排研讨环节，则可拓展到 64 学时；如取消各章的拓展应用部分和课堂讨论，可以缩减到 32 学时。

本书主要特点是以本科层面的知识为依托，通过在实验中综合运用各类知识和技术手段，培养学生分析解决问题的能力。本书既可以与光学理论课程配合，强化知识的牢固掌握，融会贯通不同部分的光学知识，并掌握在实际中应用的基本方法，也可作为理工科院校相关实验课程的教材或参考书。

图书在版编目(CIP)数据

物理实验. 光学 / 徐平等编著. -- 北京 : 北京航空航天大学出版社，2022.3

ISBN 978-7-5124-3743-2

Ⅰ. ①物… Ⅱ. ①徐… Ⅲ. ①物理学—实验—教材②光学—实验—教材 Ⅳ. ①O4-33

中国版本图书馆 CIP 数据核字(2022)第 037452 号

物理实验(光学)

徐 平　安 炜　王 峥　刘 佳　编著

策划编辑　蔡 喆　　责任编辑　蔡 喆

*

北京航空航天大学出版社出版发行

北京市海淀区学院路 37 号(邮编 100191)　http://www.buaapress.com.cn

发行部电话：(010)82317024　传真：(010)82328026

读者信箱：goodtextbook@126.com　邮购电话：(010)82316936

北京宏伟双华印刷有限公司印装　各地书店经销

*

开本：787×1 092　1/16　印张：10.5　字数：269 千字

2022 年 5 月第 1 版　2022 年 5 月第 1 次印刷　印数：2 000 册

ISBN 978-7-5124-3743-2　定价：39.00 元

前　言

法国高等教育机构主要有两大类，即面向大众开放的综合性大学和需要经过严格入学选拔考试才能进入的高等专业学校即大学校(Grande Ecole)。这类学校教学严谨，对学生的理科基础知识要求也很严格，入学前必须经过两年的预科(等同于我国大学一二年级)学习，打下扎实的理科知识基础，之后还必须经过严格的选拔考试，以确保入选的学生初步具备良好知识基础和文化素质。

本教材是与预科物理课程群中光学理论课程关联的实验课，涵盖了几何光学和波动光学方面的知识。为满足实验课程独立开设的需求，在中文版的编写过程中，适当增加了一些关联的知识和背景介绍。根据实验课程教学特点，以专题形式编排实验内容。每个专题包含多个(知识)由浅入深、(操作)由易到难、(系统性或应用性)由简单到复杂，关联度很高的系列实验项目。通过观察实验现象，获得客观真实的实验数据或特征，再对数据或特征进行分析以解释物理现象，从而帮助学生形成物理世界观。

全书共8章。第1章“薄透镜和球面镜焦距测量及诺莫图法应用”，从实像到虚像、实物到虚物，从定性到半定量、定量测量薄透镜和球面镜焦距，介绍了基础物理实验中焦距的基本测量理念和方法，最后根据光经过器件后的发散或会聚特征，以诺莫图法对各类薄透镜和球面镜的成像特点进行归纳总结，并以天文望远镜的研究作为应用拓展实验。第2章介绍了色差和消色差透镜组，并通过物像关系分析和位置的精确测量，得到透镜组的焦距，最后以光学显微镜放大率测量作为探究性实验。第3章介绍了分光计的基本调整方法，并用最小偏向角法研究三棱镜的折射率与波长的关系以验证柯西色散公式。第4章要求搭建并标定棱镜光谱仪和光栅光谱仪，并以此测定汞灯、节能灯的谱线；此章的探究实验是利用白光干涉法测量透明薄膜的厚度。第5章观察光的干涉、衍射现象，用CCD相机测量滤光片中心波长和光盘的特性参数，并以手机显示屏分辨率测量作为探究性实验。第6章研究光的偏振特性，观察瑞利散射和米氏散射现象，分析3D观影眼镜的结构，并以利用白光干涉谱法判定波片的快轴和慢轴作为探究性实验。第7章介绍迈克尔逊干涉仪的基本结构和调整方法，观察白光干涉现象。第8章要求搭建傅里叶变换光谱仪，并以此分析白光的光谱特性，测量滤光片的中心波长和带宽。其他高校采用本教材时，可以根据专业培养目标，结合课时和基于“两性一度”(高阶性、创新性、挑战度)的定位，为学生开设其中的部分实验；而对于教师，则建议掌握本教材的全部实验内容，以便根据需要灵活编排实验项目。

本教材的编写思路是通过基础性实验巩固知识，培养光学实验基本技能；通过拓展性实验,培养归纳分析、建模和验证模型以及利用模型进行实验现象预测的能力;通过设计性实验,培养学生在限定条件下,基于理论和实验模型设计实验、完成实验并对结果进行有效性和局限性分析的能力;应用性探究实验则培养学生基于教材中给出的需求建立模型、构建实验,并通过比较模型、实验结果与需求之间差异,修正模型、改进设计以逼近实际需求的能力。实验中学生需要综合运用各种知识和技能,包括数学、计算、实验和实践技能。

与国内同类教材相比,本教材在拓展性、综合性以及数学与物理实验的紧密结合等方面具有鲜明特色。数学工具在建模和实验现象分析、实验结果预测等方面的普遍应用,有利于学生系统思维能力的培养;在应用性实验中,强调物理思想,融入工程技术的方法,定性、半定量和定量分析相结合的实验手段,现象—仿真—实验结果之间差异分析和修正,对于工程能力的启蒙、提升技术水平和实验技能具有重要作用,为物理实验与工程创新所需的技能之间构建了桥梁,也从某些层面让学生了解到物理科学对现代技术的支撑作用,使 STEM 教育理念在实验教学中得到具体的体现。

还需要强调的是,很多实验专题中都设有讨论题或讨论环节,主要目的是培养学生批判性思维和学术交流能力。根据观察到的实验现象、得到的实验数据,学生应在批判性地解释这些数据和现象基础上,得到基于实验结果支持的结论;根据实验课堂的组织形式,通过书面和口头形式,陈述结果、推论或自己的观点。

本教材编写过程中,先由徐平、安炜、王峥、刘佳基于法文版和英文版讲义,对内容进行了补充、修订和完善;根据教学需要,安炜扩充了第 2 章的探究实验内容,王峥对第 5 章内容进行了优化,安炜、王峥和徐平对第 8 章内容进行了重新整理,最后由徐平完成统稿。讲义的编写也曾得到中法工程师学院 2005 级学生郭天鹏、李皓岩同学的帮助,在此表示感谢。

感谢中国科学技术大学张增明教授审阅全书并提出宝贵的修改意见。

尽管我们做了很大的努力,但由于学识和水平的限制,仍可能存在缺陷甚至错误,敬请读者和专家批评指正。

编　者
于北京航空航天大学中法工程师学院
2022 年 3 月

特别致谢

在本书的编写过程中，得到了中法工程师学院基础物理实验教学中心的另外三位共同创始人 Yves DULAC、Jacques TABUTEAU 和 Patrice BOTTINEAU 的大力支持和无私的帮助，在此表示衷心的感谢并致以崇高的敬意！

"Prodiguer toujours un enseignement ambitieux pour offrir aux étudiants une culture scientifique de haut niveau".

教育需要始终保持雄心：那就是给学生提供高水平的科学培养。

– Yves DULAC

目　录

第 1 章　薄透镜和球面镜焦距测量及诺莫图法应用

在本实验中，我们将了解凸透镜、凹透镜、凸面镜、凹面镜等光学器件的基本特性，观察由这些器件所成的实像和虚像，分析其成像规律，并掌握薄透镜和球面镜焦距的基本测量方法。

1.1　实验目的与主要实验器材

1.1.1　实验目的

① 学习区分凸透镜与凹透镜、凸面镜与凹面镜；

② 学习区分实像与虚像、实物与虚物；

③ 掌握在观察屏上成像的基本方法；

④ 掌握在保证一定精度的前提下，简单迅速地测量焦距的方法。

1.1.2　主要实验器材

① 透镜

可放置在可调光具座上的透镜，这些透镜可能是凸透镜，也可能是凹透镜；

② 反射镜

可放置在可调光具座上的球面反射镜，这些球面镜可能是凸面镜，也可能是凹面镜；

③ 光源

一个白光光源（石英–碘灯）；

④ 物

一个方形半透明的“物体”；

⑤ 观察屏

一个半透明的带网格线的观察屏，可以呈现实像，并能测量它的大小；一个不透光的带网格线的观察屏，同样可以用来呈现实像；

⑥ 光导轨

带有刻度线的光导轨，上面装有带有支架的光具座，可以精确地移动导轨上的光学器件，并且测量它们之间的距离；

⑦ 还有一个器件，那就是你们的眼睛！

图 1 – 1 是部分器材的实物图。

注意

(1) 严禁触摸透镜和球面镜的表面

- 防止弄脏光学表面；
- 防止划伤光学表面。

(2) 防止器件跌落

- 光学实验一般都在黑暗环境中进行，更需要注意。

建议：尽可能把器件放在远离桌面边沿的位置！

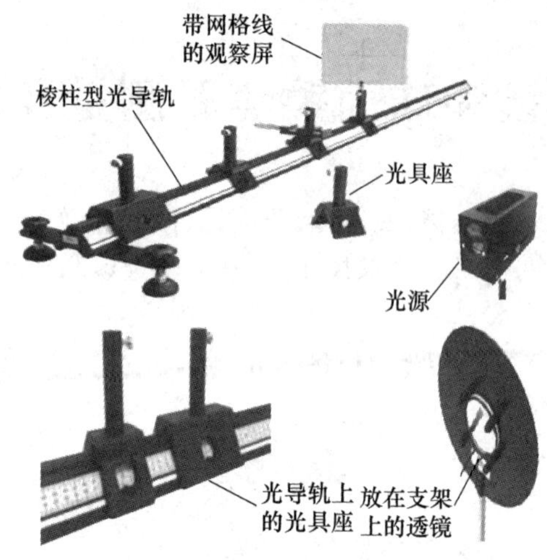

图 1-1 部分器材的实物图

1.1.3 光路图

图 1-2 所示为光学器件最常见的放置方式(使用透镜时)。

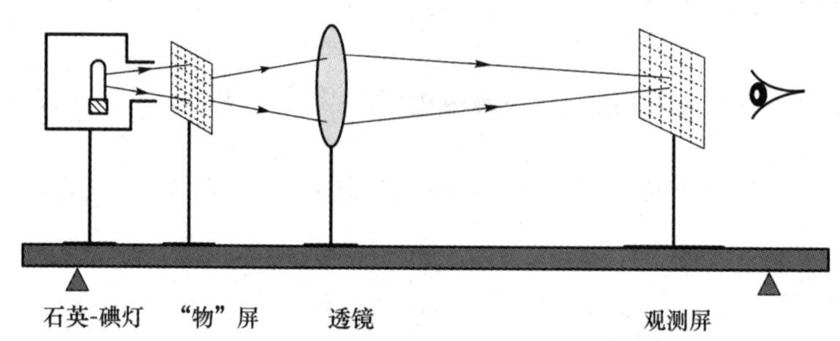

图 1-2 光学器件常见的放置方式

为简洁方便起见,图 1-2 上的器件可以用图 1-3 所示的光路图来表示。

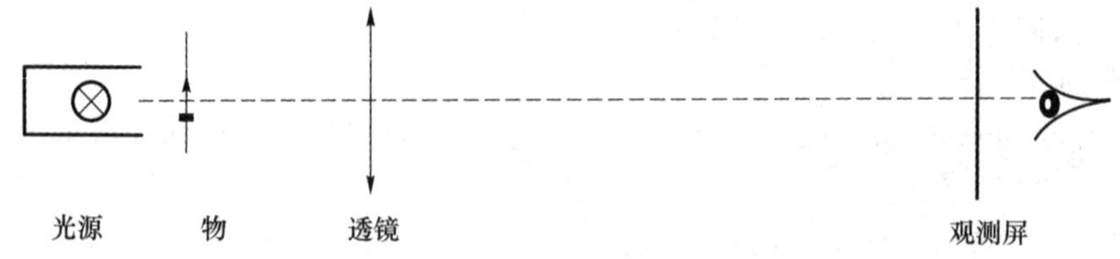

图 1-3 光路图

1.2 快速识别聚光和散光器件

1.2.1 观察远处物体

一些透镜的边缘比中心薄一些,另一些透镜的边缘则比中心厚一些:

- 在不碰触光学表面的前提下,试着把它们区分开。

• 在具体实验前，请先回顾所学理论知识，特别是光线通过凸透镜或凹透镜后的方向的变化，从而帮助判断成像位置，以及所成的像是实像还是虚像。

操作

(1) 将透镜置于一臂远的距离，观察远处的楼房或景观通过透镜所成的像：

• 通过一些透镜，观察到的是正立缩小的像，并且很清晰；

• 通过另一些透镜，观察到的像则往往有些模糊，甚至很模糊，并且是倒立的（如果能看到的话），如图 1－4 所示。

图 1－4　通过透镜观察远处物体

(2) 拿起一个透镜，将它水平放置，试着通过透镜在地面或桌子上，形成天花板上的日光灯（或者太阳，如果可能的话）的像：

• 有些透镜成的是倒立缩小的像，并且很清晰；

• 另一些成的像则往往很模糊，甚至看不到。

讨论

(3) 它们中有的是凸透镜，有的则是凹透镜，到底该怎么区分呢？

____

处理

(4) 作凹透镜成像图

1) 请在图 1－5 上画一个凹透镜，标出它的两个主焦点；

2) 在“无穷远”位置（距离焦点很远位置）放置一个实物，实物可以用一个垂直光轴的箭头 AB 表示；

3) 画出它所成的像；

结论：实像还是虚像？在透镜左侧还是右侧成像？放大的还是缩小的？

4) 最后，画出从物两端射出并通过透镜边缘的所有光线。

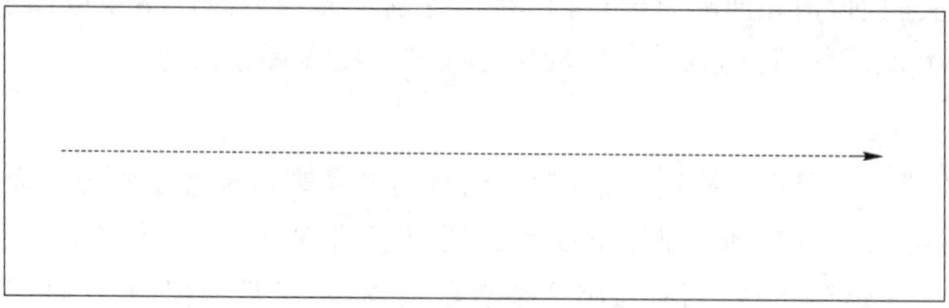

图 1-5　远处物体通过凹透镜的成像光路图

结论:当像处在哪个区间时,我们的眼睛能观察到像?

操作

5)凹透镜焦距的估测。

根据凹透镜的成像光路图可知,通过凹透镜观察无穷远处物体,(如果焦距合适的话)可以看到正立的清晰像,如图 1-4 所示。观察凹透镜中的像,同时把手指靠近像所在位置,用眼睛同时观察像和手指,当两者处于同一平面时,手指的位置就是像的位置,由此可以估计出所成像的位置,从而得到像距,并由此估算出凹透镜的焦距。

判断像和手指是否处于同一平面有困难吗?尝试在不同距离位置让自己的两个食指碰在一起,是否很容易?如果两个食指不在同一平面,就无法碰在一起,所以判断两个物体(食指)是否在同一平面,是可以做到的!

处理

(5)作凸透镜成像图

1)在图 1-6 画一个凸透镜,标出它的两个主焦点。

2)在"无穷远"位置(距离焦点很远位置)放置一个实物,实物可以用一个垂直光轴的箭头 AB 表示。

3)画出它所成的像。

结论:给出像距的估计值 $S=$ ____________ (cm)

4)最后,画出从物两端射出并透过透镜边缘的所有光线。

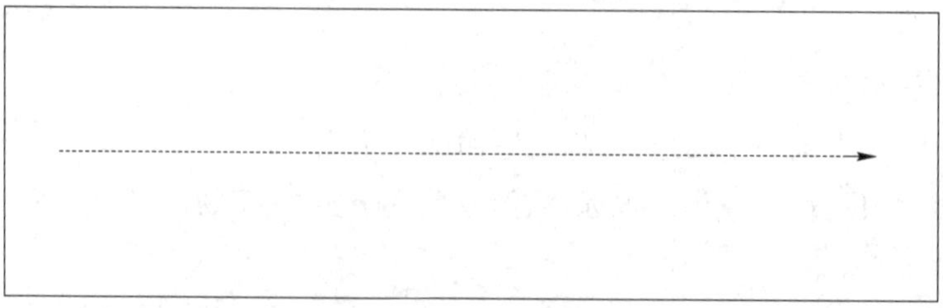

图 1-6　远处物体通过凸透镜在观察屏成像光路图

结论:当像处在哪个区间时,我们的眼睛能观察到像?

1.2.2　观察近处物体

操作

现在利用这些透镜制作一个放大镜，用来观察近处物体，如书中的文字。通过有些透镜可以看到正立放大的像，透镜的确起到了放大镜的作用；还有一些却正好相反，看到的是正立缩小的像，如图 1－7 所示。

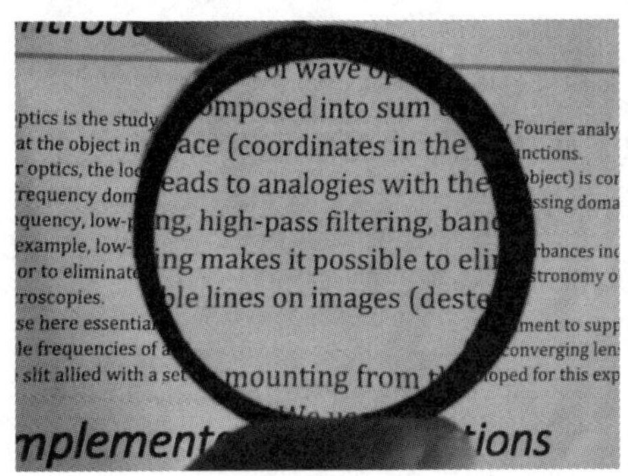

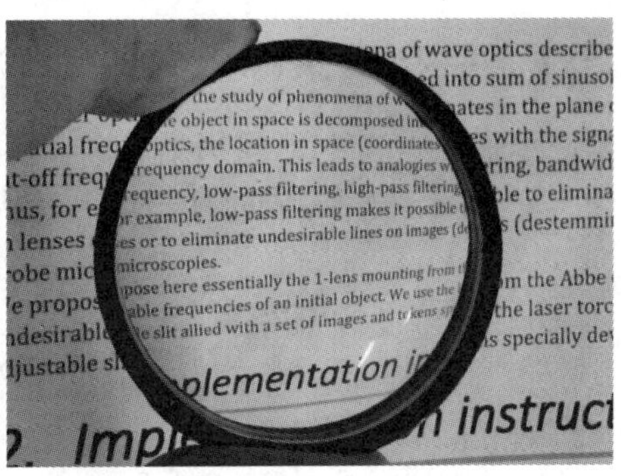

图 1－7　通过透镜观察近处物体

处理

在图 1－8 所示光轴线上：

1）画一个凸透镜，标出它的两个主焦点；

2）将实物置于透镜的物方焦点附近（一倍焦距以内）；

3）画出它的成像图。

结论：________________________________

4）最后，画出从物两端射出并透过透镜边缘的所有光线。

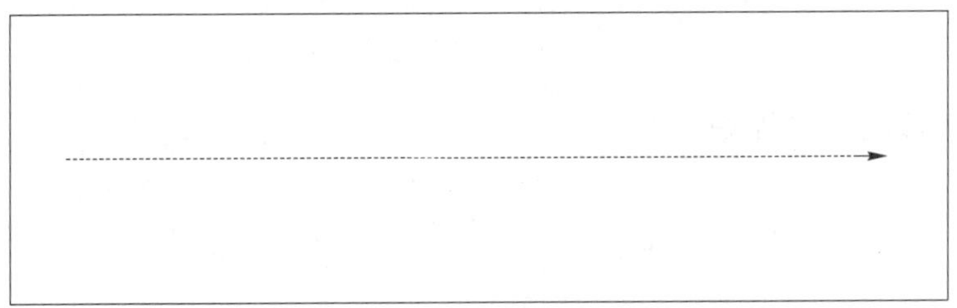

图 1－8　焦点附近物体通过凸透镜后的成像光路图

结论：当像处在哪个区间时，我们的眼睛能观察到像？

____

5）凹透镜焦距的估测。

在通过凹透镜观察无穷远处物体时，已经估算了凹透镜的焦距。而在观察近处物体时，是否也可以采用同样的方法估算焦距？如何实现？凸透镜也可以采用同样的方法估测吗？

____

1.3　观察透镜所成的像以及对焦距的简单测量

相关理论

1.3.1　实物成实像的条件

对于一个指定的薄透镜,要满足实物成实像条件,物和像之间的最小距离是多少?

如图 1-9 所示,物 AB 通过薄透镜 L 所成的像为 $A'B'$。

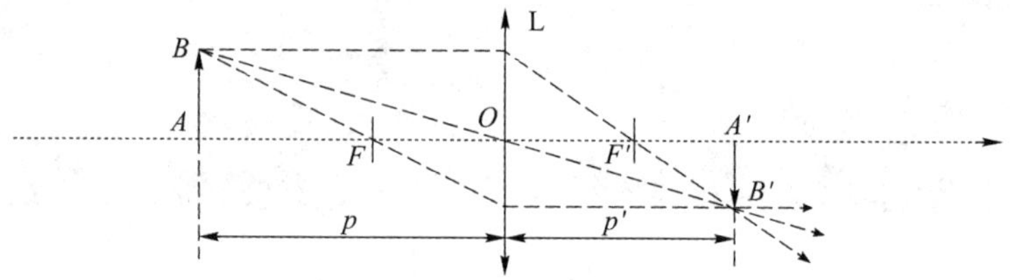

图 1-9　凸透镜实物成实像光路图

令物距 $p=\overline{OA}$,像距 $p'=\overline{OA'}$,物方焦距 $f=\overline{OF}$,像方焦距 $f'=\overline{OF'}$,像与物之间的距离 D 为

$$D=\overline{AO}+\overline{OA'}=-p+p'$$

$\mathrm{d}D=0$ 时,D 取极值,即

$$\mathrm{d}D=-\mathrm{d}p+\mathrm{d}\,p'=\mathrm{d}p\left(\frac{\mathrm{d}\,p'}{\mathrm{d}p}-1\right)=0 \tag{1.1}$$

物距像距之间关系可由薄透镜成像公式得到:

$$\frac{f}{p}+\frac{f'}{p'}=1 \tag{1.2}$$

对于给定透镜(焦距为常数),有

$$-f\,\frac{\mathrm{d}p}{p^2}-f'\frac{\mathrm{d}p'}{p'^2}=0$$

$$\frac{\mathrm{d}\,p'}{\mathrm{d}p}=-\frac{f\,p'^2}{f'p^2} \tag{1.3}$$

将式(1.3)代入式(1.1),有

$$\mathrm{d}D=\mathrm{d}p\left(\frac{\mathrm{d}\,p'}{\mathrm{d}p}-1\right)=\mathrm{d}p\left(-\frac{f\,p'^2}{f'p^2}-1\right)=0$$

对于常用的薄透镜,物方和像方的焦距大小相等,符号相反,因此有

$$\frac{p'^2}{p^2}=-\frac{f'}{f}=1$$

得到:$p=p'$,或者 $p=-\ p'$。

对于 $p=p'$,可以证明这个解实际不可能存在,所以最终解为 $p'=-\ p\ =2f'$。

$$|\ p'\ |+|p|\ =|4\ f'|$$

即实物要成实像，物像之间距离至少为 4 倍焦距。此时放大率为

$$\gamma=\frac{\overline{A'B'}}{\overline{AB}}=\frac{p'}{p}=-1$$

1.3.2　像差与 4P 法则

本实验只研究满足高斯傍轴条件的透镜和反射镜，也就是说满足光线与光轴夹角很小的条件。当光线与光轴夹角较大，或入射到光学器件表面的夹角变得很大的时候，就会出现一些畸变。应当将这些畸变限制在最小。要达成这一目标，较为简单的办法是尽可能减小光学表面的入射角和折射角。如果透镜的两个表面具有不同的曲率半径，比较"发散"的光束应当投射到表面曲率较大的一面，比较"会聚"的光束投射到曲率较小的表面上。如图 1－10 所示为实验演示图像，其中图(a)为合理的布局，图(c)为不合理的布局，图(a)和图(c)为实际光路图像，图(b)和(d)为焦点附近的放大图像。

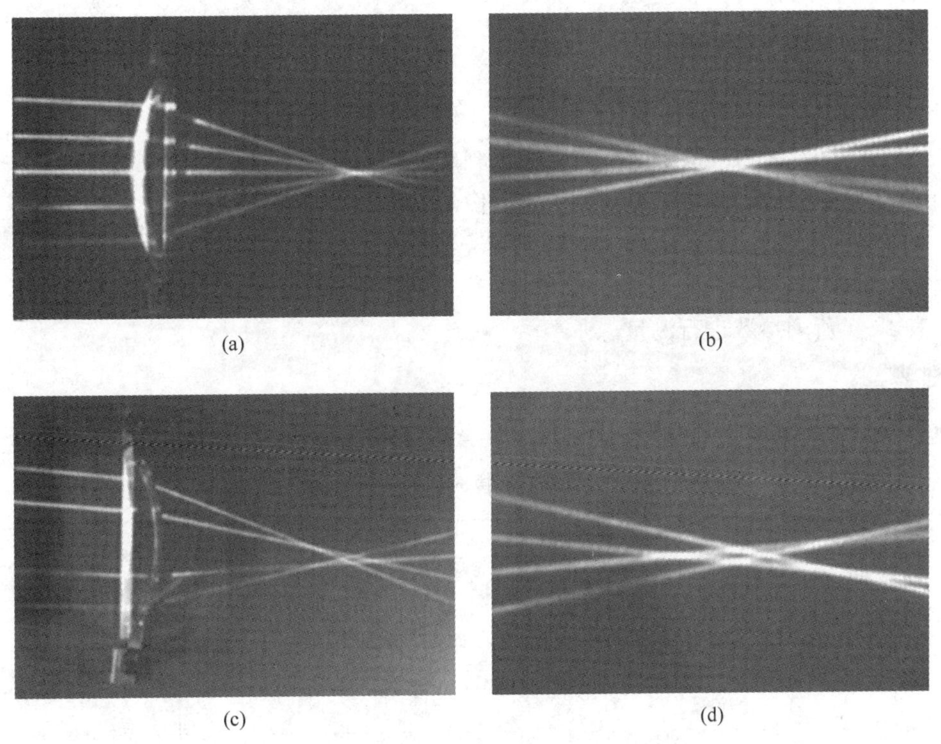

(a)　(b)

(c)　(d)

图 1－10　4P 法则演示图

根据法语"Plus Près Plus Plat"的缩写，把这个方法叫作 4P 法则，并且要记住，对于凸透镜，物与成像屏之间的距离要大于等于四倍焦距，才能在屏幕上得到实像。

1.4 凸透镜成像

操作

按图 1-11 所示,放置光学器件。可以先使用焦距为 15 cm 或者 20 cm 的透镜。

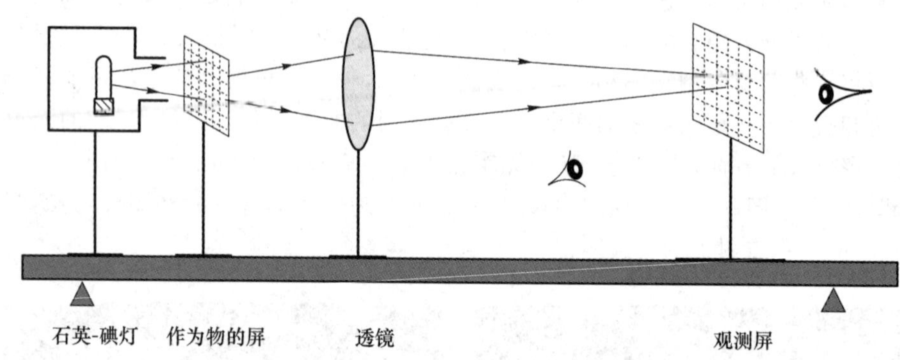

图 1-11 凸透镜成像

- 第一个带网格的半透明屏幕用来作带刻度的物;
- 第二个带网格的屏幕用来测量所成实像的大小。

首先做各光学器件的等高共轴调节,保证光线的中心投射到透镜的中央;然后在成像屏上呈现出清晰的实像。

对表 1-1 所列参数进行测量。

处理

利用测量结果进行计算,填入表 1-1 中的空格。

表 1-1 凸透镜成像时的物像关系参数表

器件类型:凸透镜;焦距:______(cm)。								
p (cm)	p' (cm)	$\overline{AB}$	$\overline{A'B'}$	$-1/p+1/p'$	f'	$\overline{A'B'}/\overline{AB}$	p'/p	
−80								
−50								
−40								
−30								
−20								
−15								
−10								

结论:____________________

____

____

____

1.4.1 虚像位置的测量

试着测量虚像的位置,在没有辅助的器材的情况下很难实现,但可以办到:

1) 移动透镜,使物体处在透镜和它的物方焦点之间,大约位于中点的位置;

2) 将手指(或者一根铅笔)放在透镜后面稍微靠边的位置,用一只眼睛直接观察手指(不通过透镜),同时另一只眼睛观察物被透镜所成的像。稍稍移动头部,应该在某个位置能同时看到手指和物所成的像;

3) 移动手指,找到两者重合的位置,这时手指的位置就是虚像的位置。

当然这种方法不是很精确,但这可以帮助我们理解什么是虚像。

1.4.2 虚物成实像

操作

首先利用一个焦距为 5 cm 的凸透镜,在距离物体 30 cm 处呈现出实物 A_0B_0 的实像 AB,如图 1－12 所示。

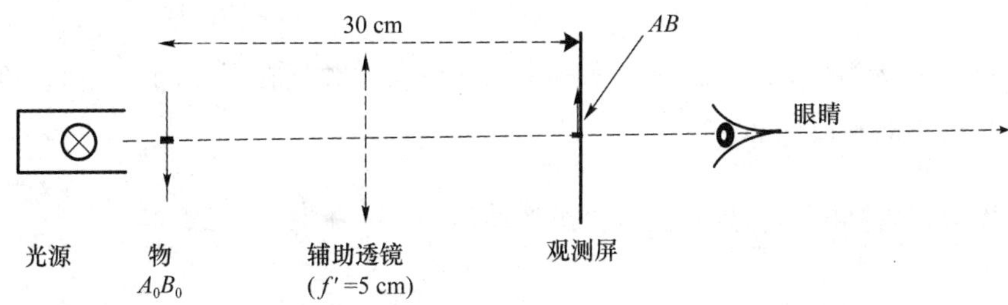

图 1－12 实物成实像

将待测凸透镜 L_1 置于实像 AB 之前(左侧);对 L_1 来说 AB 就是虚物,如图 1－13 所示。

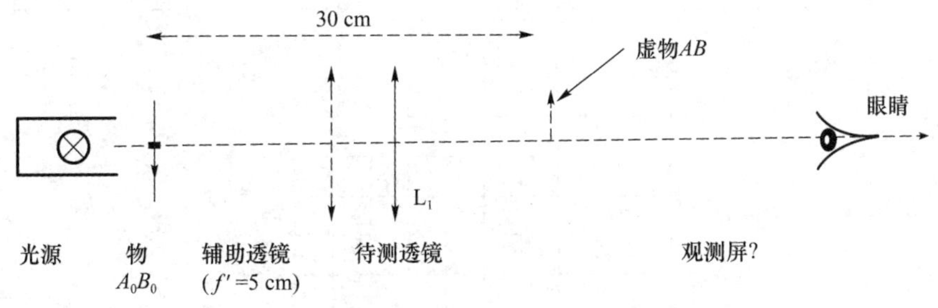

图 1－13 虚物成实像

对表 1－2 所列参数进行测量。可根据需要,选择增加一些测量值。

处理

利用测量结果进行计算,填入表 1－2 中的空格。

表 1-2 虚物成实像时的物像关系参数表

透镜类型：________；焦距________(cm)。								
p(cm)	p' (cm)	$\overline{AB}$	$\overline{A'B'}$	$-1/p+1/p'$	f'	$\overline{A'B'}/\overline{AB}$	p'/p	
+5								
+10								
+15								

结果的分析：根据表中所列数据，计算 f' 及其不确定度：

$$f' = (\_\_\_\_\_\_\_\_ \pm \_\_\_\_\_\_\_\_)\ \text{cm}$$

上述结果的置信概率是________%。

1.4.3 图示法分析物像位置关系

处理

以 $Y=1/p'$ 作为纵轴，$X=1/p$ 为横轴，把表 1-1 中数据在图 1-14 所示直角坐标系中作图。请选择恰当的坐标轴分度。

从这张图可以得到哪些信息？试着给出解释$\left(\text{提示：}\frac{f}{p}+\frac{f'}{p'}=1\right)$。

____

____

____

____

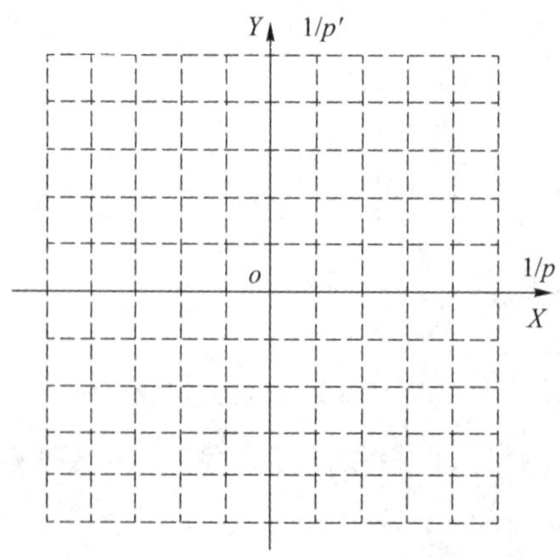

图 1-14 $(1/p')\rightarrow(1/p)$ 曲线

1.4.4　诺莫图(Nomograph)

处理

以 $Y=p'$ 作为纵轴，$X=p$ 为横轴，把表 1-1 中数据在图 1-15 所示直角坐标系中作图。请选择恰当的坐标轴分度。

连接 A_iA_i'，其中 A_i 坐标为：$(x=p_i, y=0)$，A_i'坐标为：$(x=0, y=p_i')$，可以发现所有连线均交叉于一个点，称之为 Φ 点，它的坐标是多少？

请解释存在这个特殊点的原因。

____

____

____

____

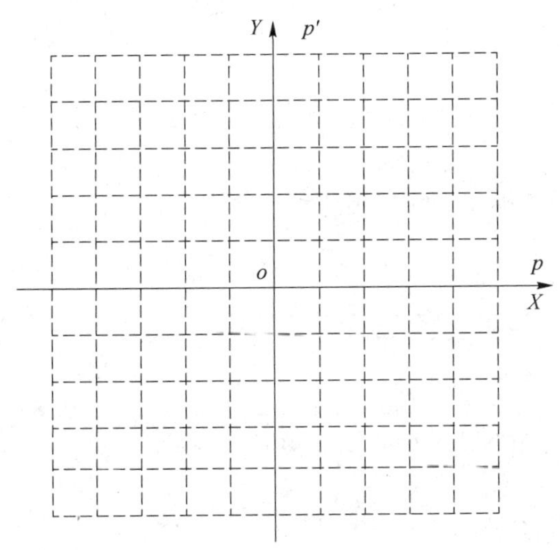

图 1-15　$p'\rightarrow p$ 曲线

对于一个焦距为 40 cm 凸透镜，在实物距透镜 60 cm 处放置时，不需要通过计算，利用图 1-15 得到的曲线图，找出像的位置。

结论：

① 曲线斜率：________________________________

② 纵轴截距：________________________________

$f'=$________________

讨论

由上面的结论，可以得到哪些一般性推论？

____

____

1.4.5 凸透镜基础测焦法

本节我们将用三种简单的方法来测量凸透镜的焦距。

(1) 自准直法

操作

按照图 1-16 搭建光路。注意平面反射镜的倾斜角不能太大。

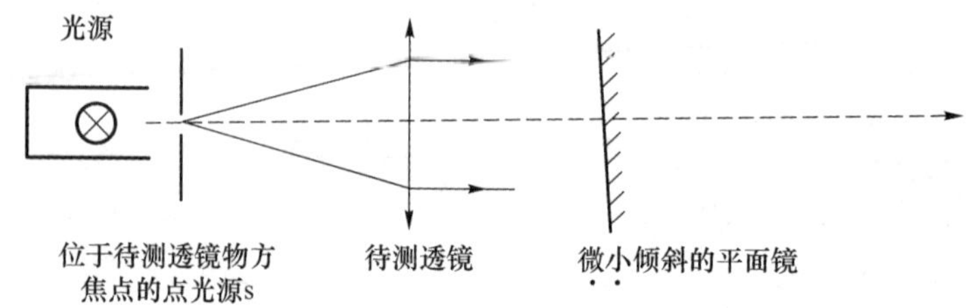

图 1-16 自准直法测焦距光路图

处理

1) 在图 1-16 上画出从透镜物方焦点射出的,并在透镜另一侧经平面镜反射的光线的光路。

透镜的哪些重要性质能够帮助我们用这种方法测量它的焦距?

答:______________________________

____

____

____

2) 测量结果与平面镜距凸透镜的距离有关吗?

答:______________________________

3) 此方法对凹透镜还有效吗? 为什么?

答:______________________________

测量结果:______________________________

(2) Bessel 法

相关理论

如图 1-17 所示。请证明:当物与观察屏的距离 D 固定时,最多存在两个位置,当焦距为 f' 的透镜置于此位置时,在观察屏上能得到清晰的像。如果透镜的这两个成清晰像位置之间距离为 d,有如下关系:

$$f' = \frac{D^2 - d^2}{4D} \tag{1.4}$$

处理

式(1.4)的证明:

____

____

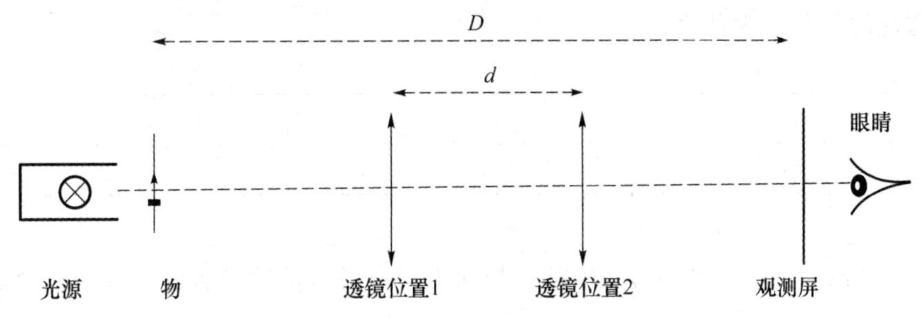

图 1－17　Bessel 法测焦距

测量结果：

(3) Silberman 法

操作

这是 Bessel 法的一个特殊情况：利用 Bessel 法可以确定在观察屏上得到清晰像的透镜的两个位置，如图 1－17 所示。移动观察屏，使得这两个位置重合，也就是说 $d=0$。

处理

证明此时 $f'=D/4$，并且横向线性放大系数 $\gamma=A'B'/\overline{AB}=-1$。

测量结果：

根据式(1.4)求 f' 的不确定度，并据此比较 Bessel 法与 Silberman 法的差异。

1.5　凹透镜成像

在对凸透镜的研究中，我们讨论了测量原理、方法和相对应的一些操作，现在可以用相似的方法来对凹透镜进行研究。

不过，我们建议采用不同的方法来研究凹透镜：教材提出问题，学生则需要针对问题，寻找合适的解决方案。

1.5.1　快速测量凹透镜的焦距

讨论

(1) 能否使用测量凸透镜焦距时用到的三种方法：自准直法、Bessel 法以及 Silberman 法

来测量凹透镜的焦距？为什么？

(2) 对于由两个焦距分别为 f'_1 和 f'_2，相互之间距离为 d 的薄透镜组成的组合透镜，其焦距 f' 为：

$$\frac{1}{f'}=\frac{1}{f'_1}+\frac{1}{f'_2}-\frac{d}{f'_1 f'_2} \tag{1.5}$$

如果已知 f'_2，怎样才能利用这个关系快速地测量 f'_1？请设计测量光路。

1.5.2 凹透镜成实像的研究

操作

如图 1-18 所示的凹透镜，其两个焦点已经标出。请设计一个测量光路，使之能够成实像，且横向放大倍数为 2。

1) 仔细测量物距 p，像距 p'，由此得出凹透镜的焦距 f'；

处理

2) 画出 3 条特殊的入射光线以及它们对应的出射光线；

3) 要使横向放大倍数为 4，该如何设计？请把结果画在图 1-19 上。

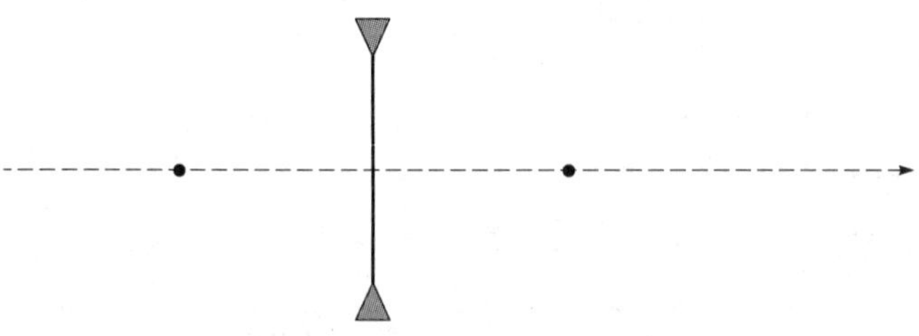

图 1-18 凹透镜成实像，横向放大倍数为 2

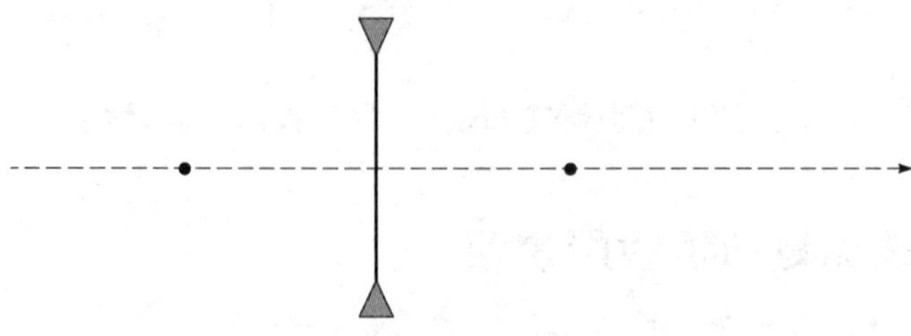

图 1-19 凹透镜成实像，横向放大倍数为 4

1.5.3　凹透镜成虚像的研究

处理

要求设计一个光路，实现凹透镜成放大系数的绝对值为 1 的虚像。

可以利用诺莫图法，快速地确定物与像相对于透镜的位置。

1）物应该是实的还是虚的？

2）横向线性放大系数 $\gamma=\overline{A'B'}/\overline{AB}$ 是 1 还是 −1 ？

____

____

____

____

配置光学器件

注意：你手上已经有了研究过的凹透镜，以及焦距已知的一些凸透镜。

操作

为了找到虚像的位置，建议尝试下面两种方法：

• 方法一：

将尺子（或手指）放在透镜后面稍稍靠边的地方，同时，用一只眼睛直接观察尺子（不通过透镜），另一只眼睛观察虚物透过透镜所成的像。稍稍移动头部，我们可以同时观察到尺子和像。移动尺子以使它与像重合，利用这种方法可以估算虚像的位置。

• 方法二：

利用一个已知焦距的凸透镜（比如焦距 20cm 的凸透镜），可以使这个虚像形成一个实像。此时对凸透镜来说，这个虚像已成为它的一个实物。将观察屏放在距离凸透镜大约 2 倍其焦距的位置，也就是约 40cm 的位置。由最后的像的精确位置，推出由待测凹透镜所成虚像的位置。

处理

在图 1－20 上画出实验的光路图，选择合适的比例，并且对每个透镜画出两条特殊的光线。

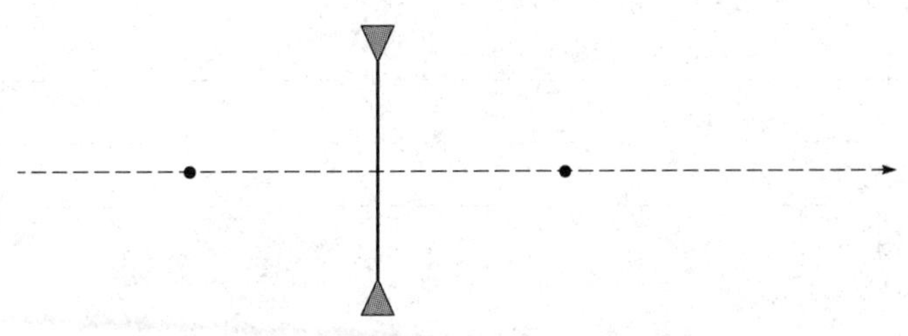

图 1－20　凹透镜所成虚像位置的测量

1.6 球面镜成像及焦距测量

1.6.1 凹面镜成像

操作

按图 1-21 放置光学器件。

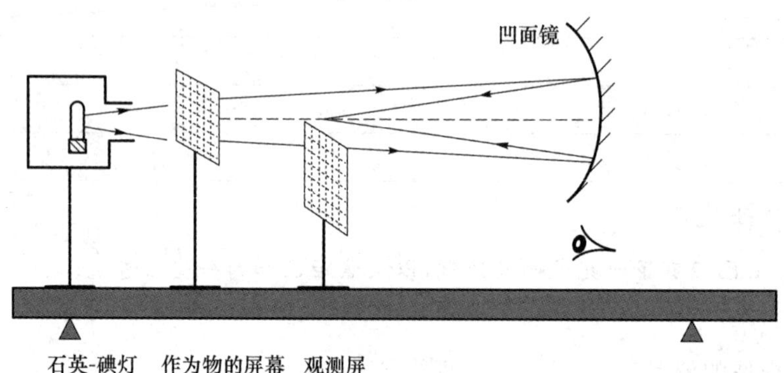

图 1-21 凹面镜成像光路图

(1) 实验一

怎样判定球面镜是凸面镜还是凹面镜?

答:

(2) 实验二

设计光路,可以得到一个和物一样大的实像:

1) 不要放置观察屏,通过移动凹面镜,使得像成在物屏上;

2) 此时的横向线性放大率 $\gamma=A'B'/\overline{AB}$是多少 ?

3) 推导出球面镜的曲率半径和它的焦距 $f=f'=\overline{SF}=\overline{SF'}$。其中 S 为凹面镜与光轴的交点,F 和 F'分别为凹面镜的物方和像方焦点。

答:

(3) 画出诺莫图

处理

在图 1-22 上,连接 $A_iA'_i$,其中 A_i 坐标为:$(x=p_i, y=0)$,A'_i坐标为:$(x=0, y=p'_i)$。得到的特殊点 Φ 的坐标是多少 ?

答:

(4) 用实物得到实像

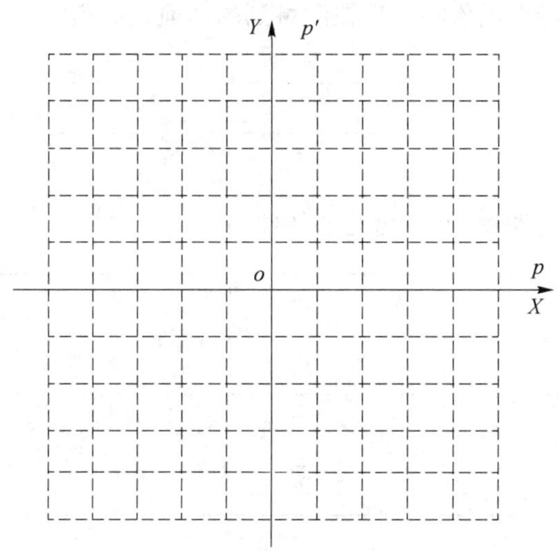

图 1 - 22　诺莫图上的凹面镜物像关系

操作

放置观察屏。

1）测量一

操作

移动球面镜和观察屏，以得到一个线性放大率 $\gamma=\overline{A'B'}/\overline{AB}$ 的绝对值为 0.5 的像（可以利用诺莫图法来确定它们的大概位置）。

- 放大率的符号是正还是负？＿＿＿＿＿＿＿＿＿＿＿＿＿＿＿＿＿＿
- 由此推出的焦距 $f=f'$ 是多少？＿＿＿＿＿＿＿＿＿＿＿＿＿＿＿＿

处理

- 在图 1 - 23 上，画出光路图，包括物 AB、球面镜、焦点、球面镜中心 C、像 $A'B'$，并作出几条特殊的光线。

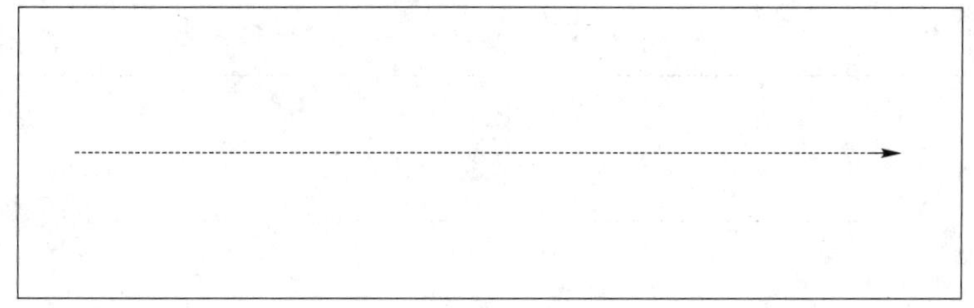

图 1 - 23　凹面镜实物成实像光路图

2）测量二

操作

利用一个辅助透镜，使物成像在无穷远处（至少在 1.80 m 以外），然后以这个像作为球面镜的物，使它经球面镜成像。

• 你能注意到什么特别现象吗?现在测量到的球面镜的焦距是多少?

答:______________________________

____

处理

在图 1-24 上,画出光路图,并做出几条特殊的光线。

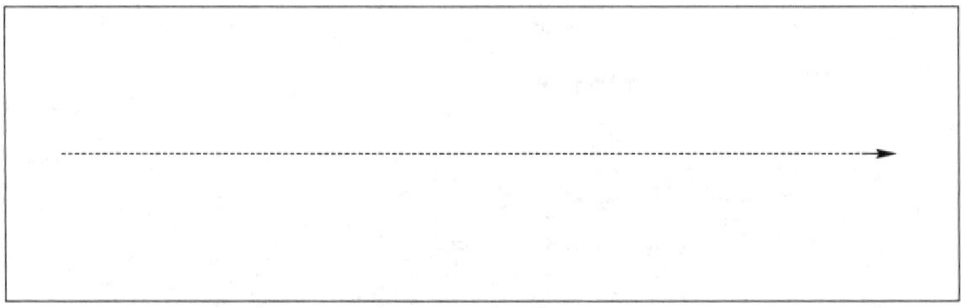

图 1-24 凹面镜对无穷远处物体的成像光路图

问题:处于无穷远的虚物与处于无穷远的虚像之间有什么区别?

答:______________________________

____

(5) 用虚物得到实像

操作

利用辅助透镜,首先将物屏的实像成在距此透镜约 20 cm 处,并记下它的位置。然后放置球面镜,使这个实像成为球面镜的虚物,并经过球面镜成实像,其线性放大率的绝对值为 0.5(可以利用诺莫图法事先确定球面镜和观察屏的位置)。

1) 放大率的符号是正还是负?______________________________

2) 由此推出的焦距 $f=f'$ 是多少?______________________________

处理

3) 在图 1-25 上,画出光路图,包括物 AB、球面镜、焦点、球面镜中心 C、像 $A'B'$,并做出几条特殊的光线。

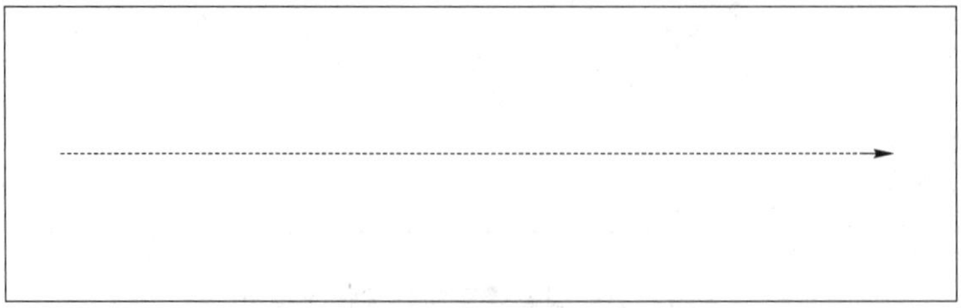

图 1-25 凹面镜对虚物成实像光路图

(6) 结论:

1) 上面对球面焦距测量的三个结果分别是:______________________________

2) 均值和标准差:______________________________

讨论

由上面的结论，可以得到哪些一般性的推论？

1.6.2　凸面镜成像

(1) 快速判断

怎样判别一个球面镜是凹面还是凸面的？

答：

(2) 自准直法测量凸面镜的焦距

操作

观察如图 1－26 所示光路。

1) 先不要放置球面镜，观察并记录物经过焦距为 15 cm 的凸透镜(L)后在光轴上的成像位置 $A_1'B_1'$；

2) 放置凸面镜，移动它直到达到图 1－26 所示的情形；

3) 对球面镜来说，X 点代表什么？

4) 在物屏 AB 平面内，观察到的最终像 $A'_3B'_3$ 是正立还是倒立的？

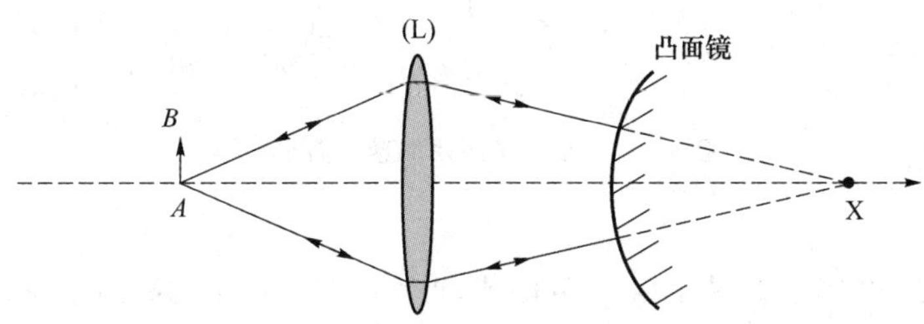

图 1－26　凸面镜自准成像光路图

处理

请解释观察到的结果：

答：

请给出凸面镜的曲率半径 R 和焦距 $f=f'$。

(3) 物距像距法测量凸面镜的焦距

操作

请按图 1-27 搭建光路。

1）移动眼睛寻找到合适的位置，直到能在平面镜和凸面镜中同时观察到物 AB 所成的像。

2）移动平面镜(同时眼睛也要适当地移动)直到观察到两个像不再有相对移动，也就是不再有视差。这操作起来的确是有些困难，但是通过训练也是能够做到的。

简要的说明：如果你双眼视力差不多，它们会让你感到有立体感；通过不断轻微移动眼睛，你的双眼就能够很好地辨认出这两个像是否位于同一平面，即移动眼睛时，两个像不再有相对移动。

3）测量物与平面镜的距离 a 和平面镜与球面镜顶点的距离 b。

4）推导出球面镜的曲率半径与焦距之间有如下关系：

$$\frac{1}{a+b}-\frac{1}{a-b}=-\frac{2}{R} \tag{1.6}$$

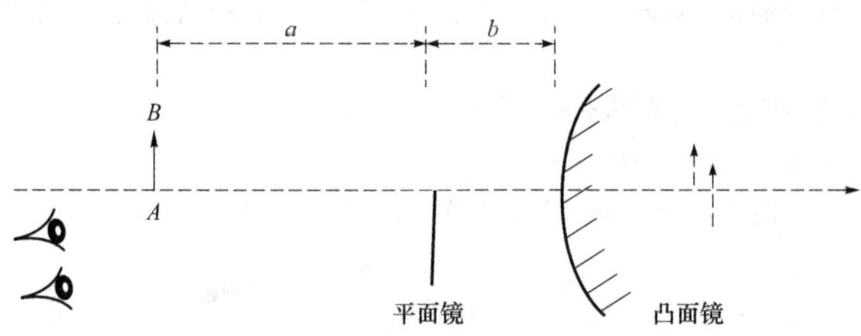

图 1-27　物距像距法测量凸面镜焦距

处理

设计表格，通过实验测量若干组 a、b 的值，得到物与凸面镜的距离 p、像与凸面镜的距离 p'，验证用于确定曲率半径 R 与凸面镜焦距的关系式(1.6)。

(4) 画出诺莫图

在图 1-28 上作图，连接 $A_iA'_i$，其中 A_i 坐标为：$(x=p_i, y=0)$，A'_i坐标为：$(x=0, y=p_i')$。

得到的特殊点 Φ 的坐标是多少？

答：

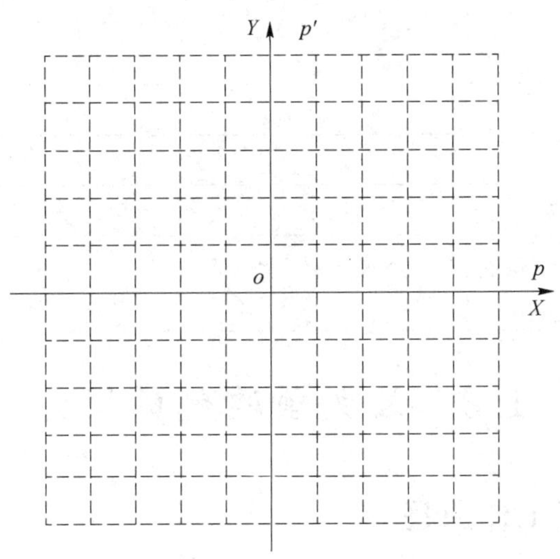

图 1-28　诺莫图上的凸面镜物像关系

1.7　诺莫图法小结

诺莫图法是一种在直角坐标系上，利用物点、焦点和像点之间的相互关系，分析薄透镜和球面镜物像关系的坐标图示法。采用诺莫图法不仅可以精确求得实物或虚物的成像位置，还可以判断出像的性质，具有简单、直观等特点。

诺莫图框架由横、纵两个坐标轴构建而成，横坐标表示物距 p，纵坐标表示像距 p'，两轴交点 O 表示薄透镜(面镜)光心位置，如图 1-29 所示。在诺莫图分析法中，采用统一的符号法则，即以光心为原点，光线传播方向为正方向。以光线从左侧入射为例，对于薄透镜，光线入射后透过透镜在另一侧传播，O 点左侧为负，右侧为正。因此横轴上读数为正表示虚物，即物位于透镜右侧；横轴上读数为负表示实物，即物位于透镜左侧。纵轴上读数为正表示实像，即像位于透镜右侧；纵轴上读数为负则表示虚像，即像位于透镜左侧。

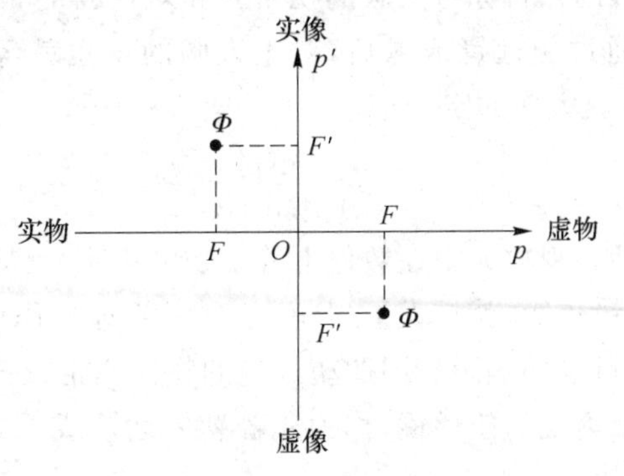

图 1-29　诺莫图结构

处理

在图 1-29 上,作一条过 Φ 点的直线交横轴于 P 点,交纵轴于 P' 点。根据诺莫图定义,$\overline{OP}$为物距,$\overline{OP'}$为像距,$\overline{OF}=\overline{OF'}$为焦距。请根据几何关系导出物距、像距与焦距之间的关系公式。

结论:得到的结果与薄透镜成像公式一致吗?

1.8 天文望远镜的研究

1.8.1 望远镜工作原理

讨论

望远镜是用来观察无限远目标的仪器。根据对目视光学仪器的要求,仪器应出射平行光,成像在无限远,因此望远镜是一个将无限远目标呈现在无限远的无焦系统。

无限远目标通过望远镜的物镜后,将成像在其像方焦平面上,在其后放置一目镜,并使物镜的像方焦平面与目镜的物方焦平面重合,这种组合就实现了把无限远目标呈现到无限远的目的。如图 1-30(a)所示。

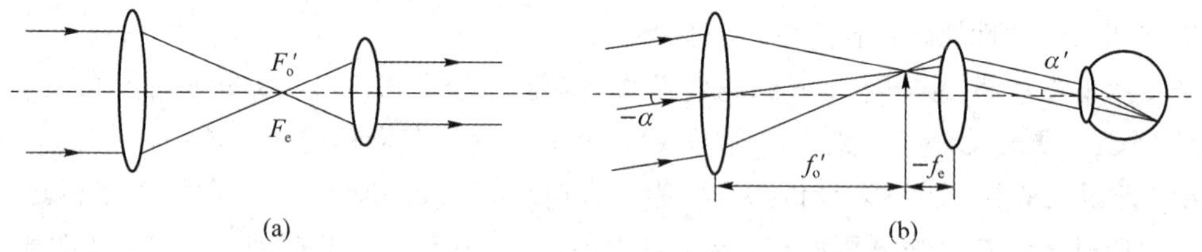

图 1-30 望远镜原理图

由于物体位于无限远,同一目标对人眼的视角 α 和对仪器的张角(望远镜的物方视场角)可以认为是相等的;物体通过望远镜成像后,对于人眼的视角就等于仪器的像方视角 α',如图 1-30(b)所示。按照视放大率的定义:

$$G=\frac{\tan\alpha'}{\tan\alpha} \tag{1.7}$$

根据物像关系可以证明,视放大率在数值上等于物镜焦距与目镜焦距之比,因此只要组成望远镜的物镜焦距大于目镜焦距,就扩大了视角,起到了望远的作用。要提高视放大率,就必须加大物镜的焦距或减小目镜的焦距。因此望远镜的物镜焦距较长,口径较大,而目镜焦距较短,口径较小。目镜是会聚透镜的望远镜,称为开普勒望远镜或天文望远镜;目镜是发散透镜的望远镜称为伽利略望远镜。

需要指出的是，实际使用的望远镜，为了保证成像质量，其物镜和目镜大都采用透镜组。为简化起见，实验仅使用单个透镜代替透镜组进行原理性研究。

1.8.2　实验方案

本实验为了研究天文望远镜，需要同时搭建无限远处物体和人眼模型，实验方案如图 1-31 所示。

图 1-31　实验方案图

(1) 位于无限远处的物

望远镜一般用来观察无限远处的物体。因此，需要使用实验室提供的器材，搭建一个位于无限远处的物体。

处 理

请利用一个凸透镜和被光源照亮的半透明网格屏(物)，在图 1-32 上，设计一个位于无限远处的物体模型。

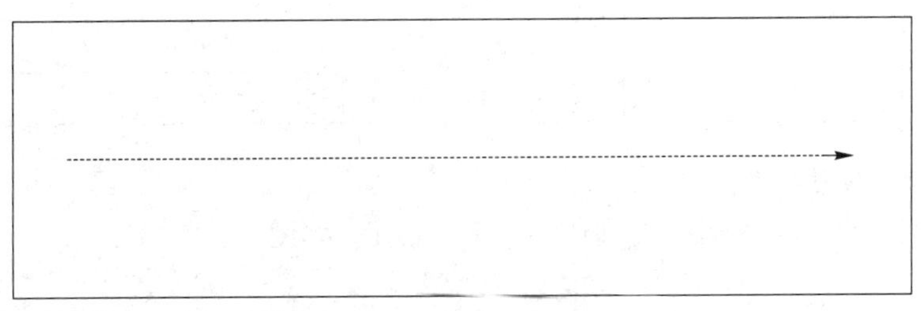

图 1-32　无限远处的物体模型

(2) 观察者的眼睛模型

为了观察物体在望远镜中的成像，使用者需要利用自己的眼睛，通过望远镜的目镜进行观察。人眼在完全放松的自然状态下，无限远目标成像在视网膜上。为了在使用仪器观察时，仍然不至于疲劳，目标通过仪器后，应成像在无穷远，或者说要出射平行光，这是对目视光学仪器的共同要求。在实验中，为了更方便观察以及对像进行测量，可以将仪器出射光成像在屏幕上，为此需要利用实验室提供的器材，来建立一个眼睛的模型。

1) 眼睛的晶状体与视网膜之间的距离为多少时，可以清楚地观察到无限远处的物体？为什么？

____

____

____

____

2) 在图 1-33 上，设计一个眼睛模型。

1.8.3　天文望远镜的初步研究

在搭建望远镜、物和眼睛模型之前，首先需要选择合适的透镜。

实验室提供了一些透镜,搭建之前首先需要了解这些透镜的特性参数,特别是透镜的像方焦距 f'。

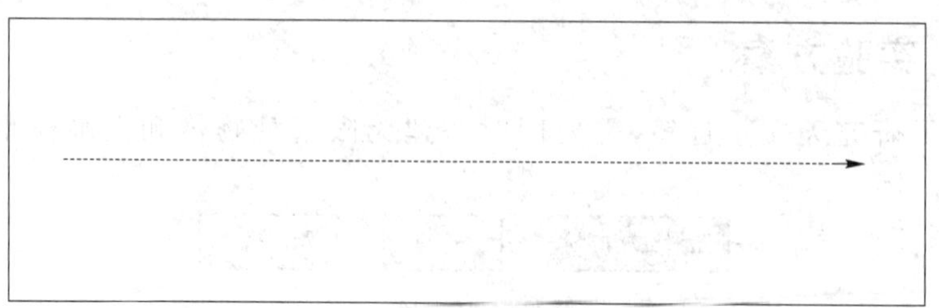

图 1-33 眼睛模型

需要注意的是,实验室提供的透镜上标注的焦距只供参考!

操作

请选择任意的一种方法,来测定给定的这些透镜的像方焦距,并记录在表 1-3 中,注意焦距的符号。

表 1-3 给定透镜的焦距

透镜	L_1	L_2	L_3	L_4	L_5	L_6	L_7	L_8
焦距(mm)								

(1) 天文望远镜结构原理

望远镜由两个会聚薄透镜组成,物镜 L_1 和目镜 L_2,如图 1-34 所示。

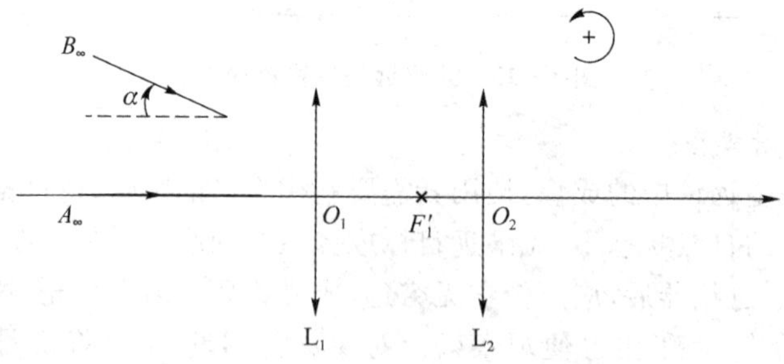

图 1-34 天文望远镜光路原理图

处理

请完成下面的天文望远镜光路原理图:画出图中两条入射光线在望远镜内的走向,以及经过望远镜后的出射方向,设两条入射光线之间的夹角为 α,出射光线之间的夹角为 α'。

(2) 实验装置

参考图 1-34 的实验方案图,按设计顺序摆放透镜。不要简单地只依据在上一节中测量到的焦距来确定透镜之间距离,而应以能够观察到清晰的成像为准。

操作

1) 无限远的物:将无限远的物靠近光源一侧摆放;

2) 眼睛模型:把眼睛模型搭建在另一侧。调节透镜与观察屏之间的距离,在观察屏(模拟

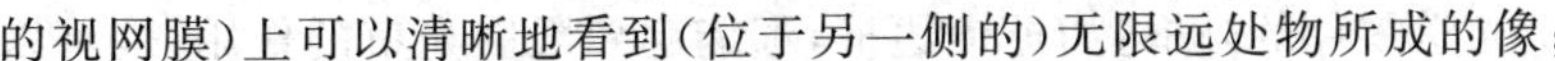

的视网膜)上可以清晰地看到(位于另一侧的)无限远处物所成的像；

3）望远镜：在无限远处物与模拟眼睛之间摆放望远镜的物镜 L_1 和目镜 L_2，改变两者之间的距离，直至在观察屏上再次可以看到无限远处物清晰的成像，即无限远处的物通过望远镜成像在无限远。

(3) 放大率

在张角很小的情况下，视放大率 G 可以近似表示为 $G=\alpha'/\alpha$。

处理

1）在满足高斯条件(理想光学系统)下，放大率与物镜 L_1 的焦距 f_1' 和目镜 L_2 的焦距 f_2' 之间的关系是确定的，请推导出理论公式，并给出符号。

2）请设计一种测量放大率的方案，只需要测量屏上像的大小，不需要使用 f_1' 和 f_2'。

操作

3）测量放大率并与理论值进行比较，要求给出放大率的不确定度。

提示：放大率是间接测量量，计算时需要利用不确定度传递公式。

1.8.4　出射光瞳

(1) 光阑

相关理论

在实际光学系统中，一般需要引入光阑，用它来限制光束以及限制视场，从而达到改善成像质量、控制像的亮度、调节景深等目的。不论是限制成像光束的口径，还是限制成像范围的孔或框，都统称为光阑。

1）孔径光阑：限制进入光学系统成像光束口径的光阑称为"孔径光阑"。它的位置及通光孔的大小对光学系统所成像的明亮程度、清晰度和某些像差的大小有直接关系。

2）视场光阑：限制成像范围的光阑称为"视场光阑"。视场实际上是指成像的物面大小或者其对应的共轭像面大小，视场光阑所起到的作用就是限制这两者之一的范围。

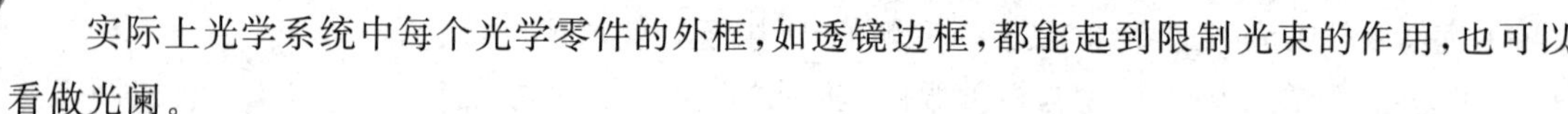

实际上光学系统中每个光学零件的外框,如透镜边框,都能起到限制光束的作用,也可以看做光阑。

(2) 入射光瞳和出射光瞳

决定入射光束大小的孔径称为系统的入射光瞳,简称入瞳;决定出射光束大小的孔径称为系统的出射光瞳,简称出瞳。

由于孔径光阑是决定成像光束大小的光阑,因此入瞳、出瞳和孔径光阑是有关系的。入瞳是孔径光阑对前方光学系统所成的像,入瞳的位置和直径代表了入射光束的位置和口径;出瞳是孔径光阑对后方光学系统所成的像;入瞳和出瞳对整个系统来说是物和像的关系,如图 1-35所示。

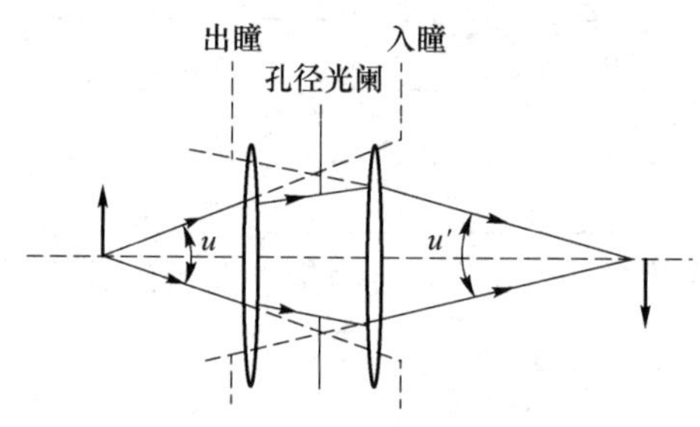

图 1-35　入瞳、出瞳与孔径光阑

本实验中只有物镜的边框限制了入射到光学系统的光线,因此物镜边框就是孔径光阑,该边框通过望远镜系统所成的像称为出射光瞳,各个方向的入射光线都通过这个出射光瞳出射。

由于出射光瞳的位置同时也是从目镜出射光的最小孔径位置,因此这也是眼睛观察的最佳位置。在这里光强度最大,观察者眼睛的瞳孔应放在此处,这样可以比较舒适地进行观察。

处理

(3) 在图 1-34 中画出出射光瞳的位置

提示:对于望远镜,物镜框决定入射光束大小,为孔径光阑。

(4) 出射光瞳位置测量

1) 设计一种测量出射光瞳位置的方案。

____

____

____

____

操作

2) 搭建光路并测量出射光瞳位置。

提示:测量时需要移除眼睛模型。

出射光瞳位置:______________________________

处理

3）计算出射光瞳的理论位置，并将其与实际测量得到的位置进行比较。

（5）出射光瞳孔径测量

若在透镜 L_1 前面（图 1－34 中左侧）放一个直径为 D 的圆孔光阑，让一束与光轴平行的光照射到这个光阑，透过望远镜从出射光瞳出射的圆柱形光束的直径为 d。

处理

请证明放大率与出射光瞳的直径之间的关系：$|G|=D/d$。

操作

1）仍然不使用眼睛模型；

2）使直径为 D 的圆孔光阑通过目镜后在观察屏上成像；

3）测量圆孔光阑的直径 D 和出射光瞳（观察屏上成像）的直径 d，计算出放大率，并与前面得到的放大率进行比较。

处理

结论：

（6）望远镜的视场观察

操作

1）放回眼睛模型，使系统恢复到初始状态；

2）将可变光阑靠在物镜镜头前面（图 1－34 中左侧）并改变其尺寸，观察图像变化。

讨论

图像有何变化？该光阑是视场光阑还是孔径光阑？

操作

3）把可变光阑放在中间像的平面(L_2 的物方焦平面)上并改变其尺寸,观察图像变化。

讨论

图像有何变化？这个光阑是视场光阑还是孔径光阑？

第2章 消色差透镜组及焦距的精确测量

在本章的实验中，我们将要学习自准直望远镜、平行光管、测距显微镜等光学仪器的原理和使用方法，精确地测量薄透镜和透镜组焦点的位置，确定惠更斯双透镜组主点、主面和焦点的位置，分析其成像特性。

2.1 实验目的与主要实验器材

2.1.1 实验目的

① 了解自准直望远镜、平行光管的工作原理，掌握其调节方法；

② 学会透镜焦距的精确测量方法；

③ 了解色差的概念，学习消色差透镜组焦距的测量方法。

2.1.2 主要实验器材

① 自准直望远镜

自准直望远镜可以用来观看位于无穷远处的物体，实验中用它来调节平行光管出射平行光。

实验室提供的自准直望远镜，其消色差物镜的焦距为167 mm，有效直径25 mm；镜筒俯仰可调范围为±5°。

② 平行光管

平行光管可以作为一个位于无穷远处的光源，发出平行光。

实验室提供的平行光管焦距为175 mm，消色差物镜的直径为38 mm。

③ 测距显微镜

测距显微镜可以用来精确测量像和光学系统上各部件的位置坐标。

实验室提供的测距显微镜的前距为100 mm；目镜的叉丝分划板的最小刻度为0.1 mm，放大倍数为10倍；物镜放大倍数为1倍；镜筒位置的可调范围为50 mm，位置示值游标分度为1/10 mm。

④ 光导轨

光导轨可以保证各光学器件精确地共轴，如：透镜、测距显微镜、平行光管、自准直望远镜以及待研究的光学系统。

利用光导轨可以精确调节各器件的横坐标。

注意

(1) 禁止触摸透镜的表面，以防把它们划伤；

(2) 将光学器件从光导轨上取下后，请将它躺放在桌子上，这样可以使其更安全。

建议：将光线入射的方向定为正方向：这样可以避免一些错误！

操作开始于自准直望远镜和平行光管的研究。这些器件稍后将用于确定未知光学系统的性质。

2.2 自准直望远镜

在本实验中,自准直望远镜将要被用来观察位于无穷远处的物体。

为了达到这一要求,可以通过观察远处(至少 1 km)的物体(如房子、树等等),来调节望远镜聚焦于无穷远,但这对于实验室来讲不是特别方便,所以采用自准直法来调节。

2.2.1 自准直望远镜的组成

自准直望远镜实物如图 2-1 所示,简单来看,其主要部分包括:

① 焦距较大的物镜 L_1;

② 焦距较小的目镜 L_2,起到一个放大镜的作用;

③ 位于 L_2 焦点附近的十字分划板;

④ 辅助光源,以及用来实现自准直调节的半反射镜。

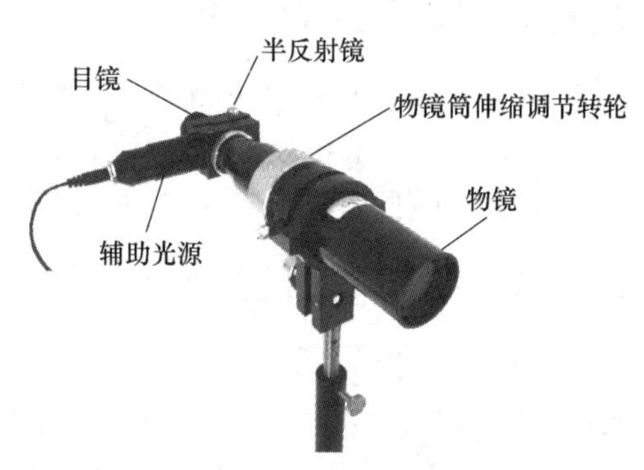

图 2-1 自准直望远镜实物图

实际使用的自准直望远镜上,物镜 L_1 使用的是一块消色差透镜,而目镜 L_2 通常由两块透镜组成,以最大程度上消除透镜的像差。为分析方便,本实验将其当作单个透镜处理。

从图 2-2 中可以清楚地看到自准直望远镜中各主要部件的相对位置,包括物镜 L_1、焦距较小的目镜 L_2、位于 L_2 焦点附近的十字分划板、辅助光源、可开闭的半反射镜等。

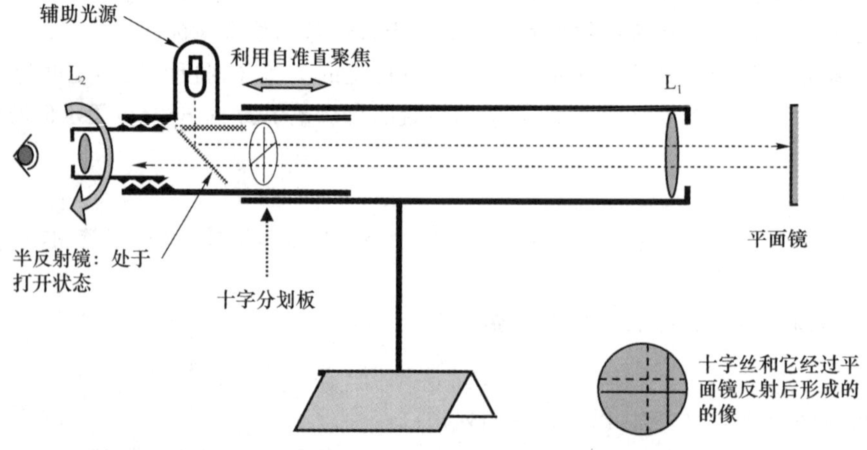

图 2-2 自准直望远镜结构及调节方法示意图

经过调节的望远镜,对于视力正常的眼睛,L_1 的像方焦点 F_1' 与十字分划板平面重合,此时可以不费力地看到无穷远。

2.2.2　将自准直望远镜调焦至无穷远

操作

1）首先进行目镜的调节。通过旋转目镜的调节手轮可以改变目镜和分划板刻线的相对位置，以适应不同观察者的眼睛焦距的差异，使其可以通过目镜观察到分划板上清晰的十字丝像。

2）开启辅助照明光源，打开半反射镜，使其处于与光线呈 45 °夹角的位置，从半反射镜反射的光照到十字分划板，并向物镜方向出射。

3）在望远镜物镜前放置一平面镜，从物镜出射的光线，将被平面镜反射回镜筒。

4）旋转物镜筒伸缩调节转轮，调整物镜 L_1 与十字分划板之间的距离，当十字分划板处于物镜像方焦点 F_1' 的位置时，可以看到分划板上的十字丝经平面镜反射后，在分划板平面所成的像。

5）通过轻轻地侧向摆头（移动眼睛的观察位置），来验证分划板上的十字丝与它经平面镜反射后的像，是否已经无视差，如图 2－3 所示。

图 2－3　十字丝与像无视差光路图

此调节完成后，自准直望远镜就已经聚焦至无穷远。关闭辅助照明，将半反射镜重新置于关闭状态（即与镜筒平行）。

2.2.3　光路分析

处理

在图 2－3 上，画出光路，验证自准直方法。验证光线从透镜 L_1（物镜）的焦点 F_1 发出，然后经过平面镜反射，这束光线返回并重新会聚于焦平面上的一点。

- 从物镜 L_1 射出望远镜的光线有什么特性？＿＿＿＿＿＿＿＿＿＿＿＿＿＿
- 经物镜 L_1 返回望远镜的光线有什么性质？＿＿＿＿＿＿＿＿＿＿＿＿＿＿
- 为什么认为现在望远镜已聚焦至无穷远？＿＿＿＿＿＿＿＿＿＿＿＿＿＿

提示：

戴眼镜的观测者需要将眼镜取下，以便能够舒服地透过目镜观察。每个观测者只需将目镜调整到他（她）自己能观察到清晰的十字丝即可，实验结果不会因为观察者视力不同而改变。

2.3　平行光管

平行光管是一种用来产生平行光束的光学仪器，是装配、校准和调整光学仪器的重要工具,常用于精确测定透镜组的焦距、分辨率及其他成像质量等,图 2－4 是本实验所用平行光管的实物图。

图 2－4　平行光管实物图

在本实验中,平行光管用来产生一个位于无穷远处的物体发出的平行光,这个物体是十字丝＋同心圆,以下简称十字丝圆。

2.3.1　平行光管的结构

平行光管由两个通过调节螺钉连接的可以互相滑动的镜筒构成,器件结构如图 2－5 所示。半径较小的镜筒包含一个被灯光照亮的十字丝圆,而半径较大的具有一个薄凸透镜,即平行光管的物镜。螺钉用于调节十字丝圆平面与物镜平面之间的距离。

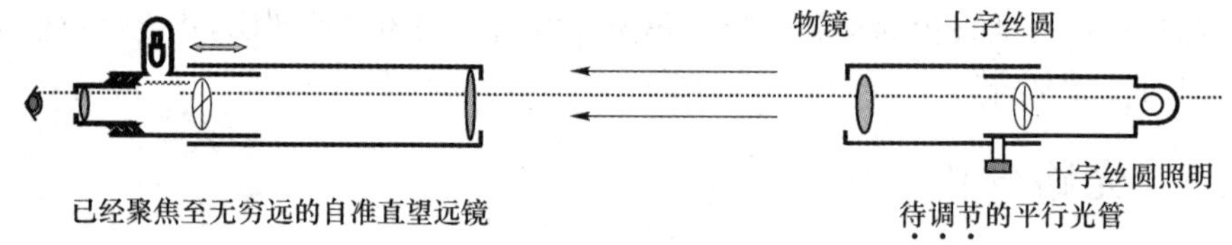

图 2－5　平行光管结构图

2.3.2　平行光管的调整

操作

为了调节平行光管,需要使用上面已经聚焦至无穷远的自准直望远镜。

1) 调整平行光管,使之与自准直望远镜等高同轴。

2) 调节平行光管的调节螺钉,直到可以通过望远镜清晰地看到平行光管的十字丝圆的像。望远镜的十字分划板与平行光管的十字丝圆应处于同一平面内。我们通过轻轻地侧向摆头来验证:望远镜分划板十字丝与作为待测物的平行光管的十字丝圆应该没有相对移动,即没有视差。

如果能通过望远镜清晰地看到平行光管的十字丝圆的像,这意味着平行光管的十字丝圆平面与这一平行光管的物镜的焦平面重合。实际上,十字丝圆通过它成的像处于无穷远处并

可以被自准直望远镜观察到。

2.4 测距显微镜

如图 2-6 所示，这是一种低放大倍数的显微镜，具有两个关键参数：微调范围和前向观测距离。

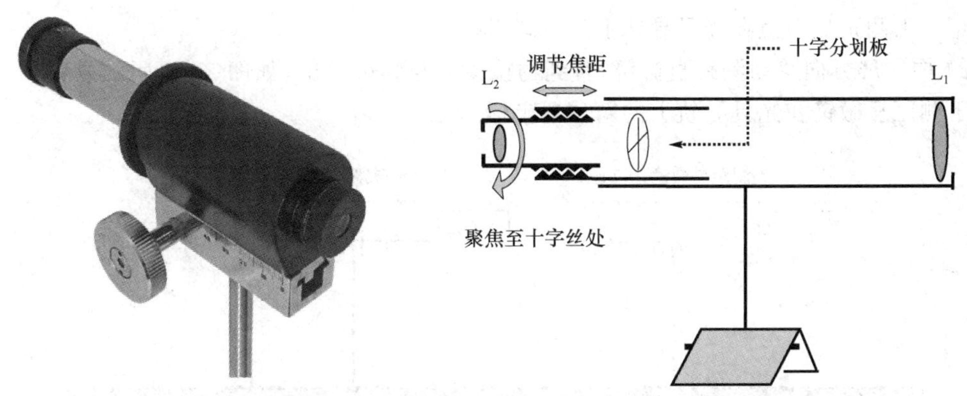

图 2-6 测距显微镜实物(左)及结构原理图(右)

2.4.1 测距显微镜的结构

如图 2-7 所示，透镜 L_1 是放大系数较低的显微镜的物镜。通过在光导轨上移动，它可以用来把待测物体成像在十字分划板上。通过旋转微调手轮，透镜 L_2(实际上是由两个透镜组成的目镜)可以聚焦至十字分划板。

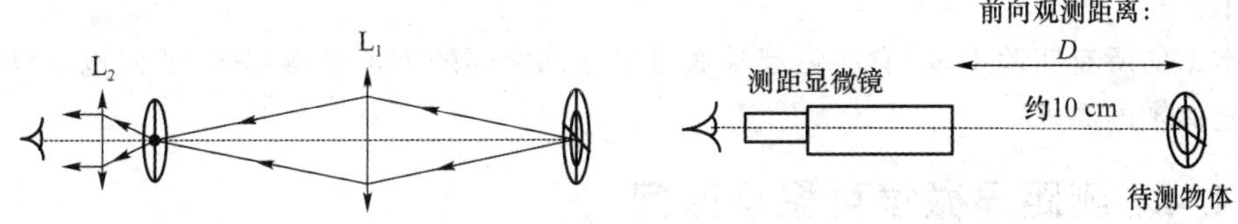

图 2-7 测距显微镜观测光路

透镜 L_1 将物体的像成在测距显微镜的十字分划板上。然后，透镜 L_2 作为放大镜，它的焦点在十字分划板平面附近，可以观测与十字丝所在平面重合的物体的像。

2.4.2 测距显微镜的调整

操作

实用技巧：

1) 旋转微调手轮，通过目镜观察到分划板上清晰的十字丝像。

2) 在测距显微镜物镜前放置待观测物屏。将整个测距显微镜在光具导轨上平移，直到能够清楚地看到待观测物屏为止。物屏像应该与十字丝重合，通过轻轻地侧向摆头来验证，十字丝与物屏的像应该同时移动，此时无视差。

2.4.3 测距显微镜前距 *D* 的测量

操作

在上一步调节的基础上：

1）十字丝与物屏的像无视差时(尽管像可能会有一些小的畸变)，如图 2－8 所示位置 2，仔细记录下测距显微镜在光具导轨上的位置坐标 D_2。

2）向物屏方向移动测距显微镜，直到物镜镜筒与物屏接触，如图 2－8 所示位置 1。仔细记录下测距显微镜在光具导轨上的新位置坐标 D_1。

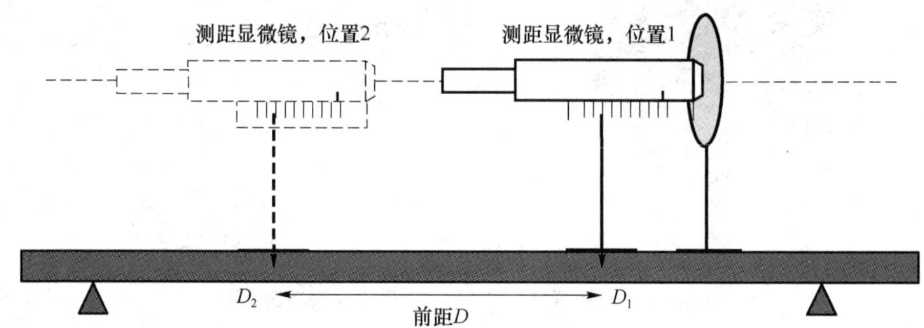

图 2－8 测距显微镜前距测量

通过位置坐标相减就能得到 D 的数值，大约为十厘米。

处理

给出 D 的数值：$D=|D_1-D_2|=$ ________________

提示：

在本章的所有实验中，所有测量都是通过横坐标之间的差值来得到的；所以也就没必要去寻找横坐标轴的原点。

2.4.4 测距显微镜可聚焦区间

操作

人眼通过测距显微镜观察到的像的清晰位置有一定的范围，即为测距显微镜的可聚焦区间。

1）调整测距显微镜，直至可以清晰地观察到物屏上刻度线的像；

2）调节测距显微镜的微动轮，使物镜向前推进，直到找到的清晰像刚刚开始变得模糊的位置，读出此时游标尺的读数 ε_1；

3）调节测距显微镜的微动轮，使物镜向后推进，直到找到的清晰像刚刚开始变得模糊的位置，读出此时游标尺的读数 ε_2。

这两个位置的差就是测距显微镜的可聚焦区间。重复 3～5 次操作，以得到更精确的数据，这种方法也叫测读法。

处理

请计算可聚焦区间 $\varepsilon_v=$ ________________

4) 精确到 0.1 mm 的游标尺的读数：测距显微镜上的游标尺可以将横坐标测量精确到 0.1 mm。如图 2-9 所示，学会如何读数。这里利用了人眼可以精确地分辨两条重合的线的特性。

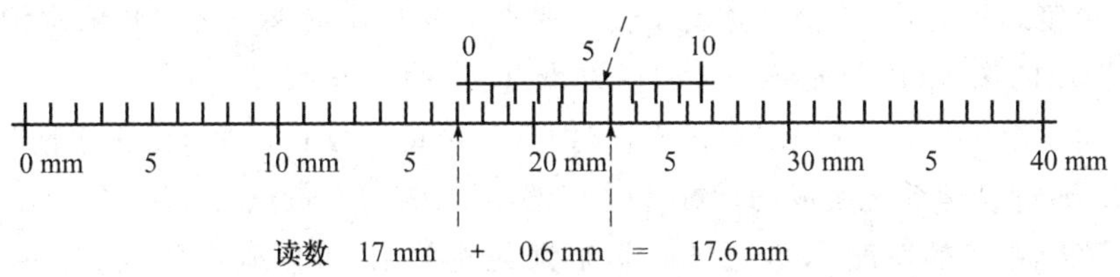

图 2-9　游标尺读数操作

建议：通过合理安排使光导轨上的读数为整数厘米，比如说，将光具座尽量置于整数厘米处。然后平移测距显微镜上的游标尺进行精细的测量，将得到的游标尺和光具导轨上的读数加和或求差(取决于选取原点的方法)就可以得到最终的读数。

提示：测量只涉及横坐标的差或和，所以没必要寻找坐标轴的原点。

2.5　焦距的精确测量：CORNU 法

目标是以 0.1 mm 的精度测量光学系统的一些主要参数，如果操作仔细的话这一目标是可以实现的。

相关理论

2.5.1　测量原理

(1) 牛顿公式

如图 2-10 所示，根据牛顿共轭关系，有

$$\sigma\sigma' = f f' \tag{2.1}$$

1) 对于薄透镜：

$$\sigma=\overline{FA}, \sigma'=\overline{F'A'}; \qquad f=\overline{OF}, f'=\overline{OF'}$$

O 为薄透镜的光心，如图 2-10(a)所示；

2) 对厚透镜(组)系统：

$$\sigma=\overline{FA}, \sigma'=\overline{F'A'}; \qquad f=\overline{HF}, f'=\overline{H'F'}$$

式中，H 指物方主点，H' 为像方主点，如图 2-10(b)所示。

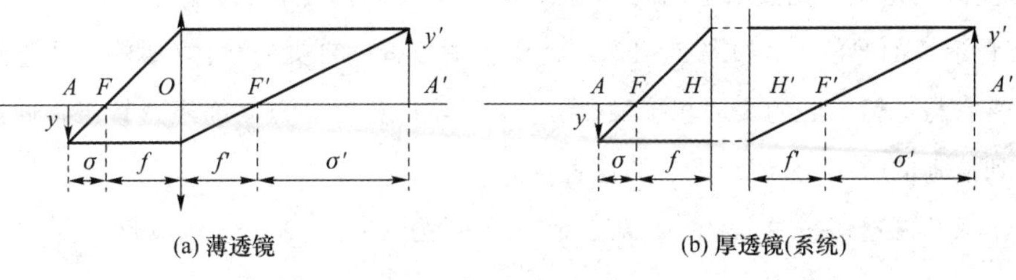

图 2-10　薄透镜及厚透镜的物像关系

(2) 透镜组焦距

对于由两个薄凸透镜 L_B 和 L_R 组成的透镜组,如图 2-11 所示,可以通过以下测量得到其焦距:

1) 先以透镜组进光面(即薄凸透镜 L_B)上的水平蓝色小箭头 S_B 为物,依次记录 S_B、S_B 通过光学系统所成的像 S'_B 以及光学系统的像方焦点 F' 的位置;

2) 然后将系统倒转,以透镜之组出光面(即薄凸透镜 L_R)上的垂直红色小箭头 S_R 为物,依次记录 S_R、S_R 通过光学系统所成的像 S'_R 以及光学系统的物方焦点 F 的位置;

3) 测量光学系统的厚度 e,再通过应用牛顿共轭关系,可以确定焦点 F、F' 和主点 H、H' 的位置。

当然,如果由于两个透镜之间距离等原因,导致无法观察到某些像,则可以通过在适当位置摆放辅助物,利用该物体经过透镜组所成的像与物之间的关系,得到透镜组的相关参数。

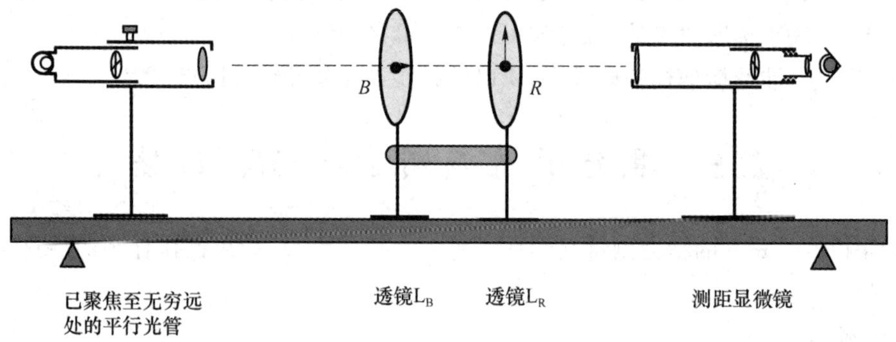

图 2-11 双透镜组焦距测量

2.5.2 单个透镜焦距的测量

操作

(1) 测量透镜 L_R 的焦距

在光导轨上依次摆放:平行光管(已聚焦至无穷远)、透镜 L_R 和测距显微镜。

1) 首先通过测距显微镜观测透镜 L_R 的像焦点 F'_R:来自平行光管中的十字丝圆像应该十分清晰;通过轻轻摆动头部能够看到这个像与测距显微镜中的十字丝无相对移动(消除了视差)。记录下测距显微镜的横坐标 $X_{F'R}$,这就是透镜 L_R 的焦点的位置。

2) 观测画在透镜右侧表面上的红色箭头 R,记录下它的位置 X_{R_1}。

3) 测量透镜的厚度 e_R:如图 2-12,在透镜左侧放置一带尖的物体(如软笔或干燥的毡垫上的毛),将它与透镜中心的表面相接触(在透镜上与 R 相对的点);撤下透镜 L_R,通过测距显微镜观察到清晰的软笔尖,记录下它的位置 X_{R_2}。

对一个双凸薄透镜来说,透镜 L_R 光心 O_R 的位置为 $X_{O_R}=(X_{R_1}+X_{R_2})/2$。

$X_{R_1}=$________, $X_{R_2}=$________, $X_{O_R}=$________, $e_R=$________

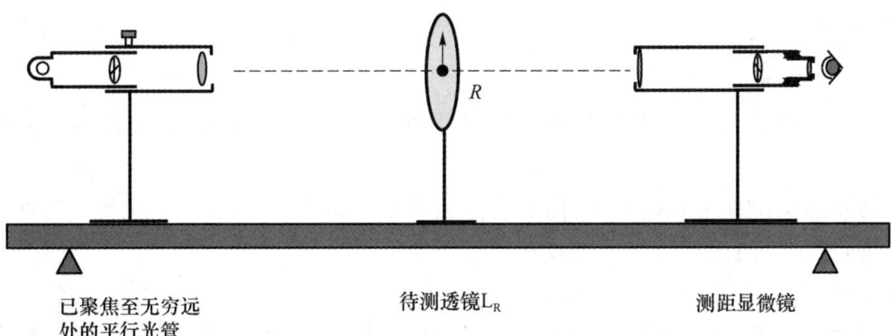

图 2-12　薄透镜焦距测量

处理

请计算：

$$f'_R=\overline{OF'_R}=X_{F'_R}-X_{O_R}$$

$f'_R=$________ mm

(2) 测量透镜 L_B的焦距

操作

在图 2-12 中，用透镜 L_B替换 L_R，测量方法和步骤和上面完全一样。

透镜 L_B的一侧表面上有一个蓝色的小箭头。

$X_{B_1}=$________，　$X_{B_2}=$________，　$X_{O_B}=$________，　$e_R=$________

处理

请计算：

$$f'_B=\overline{OF'_B}=X_{F'_B}-X_{O_B}$$

$f'_B=$________ mm

2.5.3　惠更斯双透镜组的研究

下面研究的光学系统为惠更斯(Huygens)双透镜组：它由两个薄透镜组成，它们的焦距比为 1∶3，在光导轨上它们之间的间距为 2 倍较小的焦距。

参照图 2-11 所示位置，在光导轨上依次放置：平行光管，测距显微镜，以及焦距为 f_R的短焦距透镜 L_R，焦距为 f_B的长焦距透镜 L_B(注意它们之间的距离为 $2f_R$)。

(1) 关于不确定度

测量结果总是会存在偏差，不可能是"绝对准确的"，那么怎么来估计测量的不确定程度呢？

利用测读法测量成像位置：

1) 横坐标测量：观察到清晰像后，将测距显微镜所在的光具座向前移动 1 cm，然后重新微调游标尺进行聚焦，观察到清晰像时，记下位置 X_1(精确到 0.1 mm)；

2) 向后移动测距显微镜所在的光具座 1 cm，再次重复上面的操作，得到位置 X_2；

3) 计算得到成像位置的坐标：$X=(X_1+X_2)/2$；

4) 如有必要，可以进行同样的操作，完成多组测量，计算平均值及方差。

这样就可以估计测量的不确定度。

操作

(2) 第一组测量

按图 2-11 所示光路,平行光管的出射光从透镜 L_B 进入透镜组,完成各器件等高共轴的调节。

为了防止测量过程中数据混淆,同时也为画出系统光路图,请在测量过程中把两个透镜和成像的位置,按 1/2 的比例画在一张直角坐标纸上。

1) 确定透镜 L_R 上红色箭头 R 的位置。

通过测距显微镜,观察透镜 L_R 上红色箭头 R 的像。当观察到十分清晰像时,通过轻轻摆动头部,能够看到这个像与测距显微镜中的十字丝同时移动,即已经消视差。按上面介绍过的方法进行 5 次测量,得到测距显微镜的位置 X_R 的数据,记录在表 2-1 中。

注意,这里使用测距显微镜的位置坐标,而不是光具座上的读数(可能与透镜的实际位置有偏差),并且下面进行的所有测量,都是读测距显微镜的位置坐标。

将 L_R 的位置标在直角坐标纸上。这个位置是整个系统的参考位置,请画在坐标纸中间偏左位置。后面其他器件和成像位置,均以此点为参考坐标。

2) 测量透镜组像方焦点 F' 的位置。

通过测距显微镜,观察到来自平行光管的十字丝圆的像,在看到十分清晰像时,记录测距显微镜位置,此位置即为 $X_{F'}$,也就是惠更斯双透镜的像方焦点 F' 的位置。

按上面介绍过的方法重新进行 4 次测量,得到的 5 组数据记录在表 2-1 中。

将 F' 的位置标在直角坐标纸上,注意标的位置是通过测距显微镜得到的与 L_R 的相对位置。下面其他器件和成像位置均采用相对位置标出。

3) 测量透镜 L_B 上蓝色箭头 B 的成像位置。

接下来通过测距显微镜,观测透镜 L_B 上蓝色箭头 B 的位置。由图 2-11 可知,实际上看到的是蓝色箭头 B 通过惠更斯双透镜组所成的像 B' 的位置。按上面介绍过的方法进行 5 次测量,得到位置 $X_{B'}$ 的数据,记录在表 2-1 中。

将 B' 的位置标在直角坐标纸上。

4) 测量透镜 L_B 的位置。

如图 2-11,在透镜 L_B 左侧放置一带尖的物体(如软笔或干燥的毡垫上的毛),将它与透镜中心的表面相接触;撤下透镜组,通过测距显微镜观察到清晰的软笔尖,记录下它的位置 X_B。将 5 次测量得到的位置 X_B 的位置数据,记录在表 2-1 中。

将 X_B 的位置标在直角坐标纸上。由此也得到了两个透镜的相对位置和距离,如图 2-13 所示。

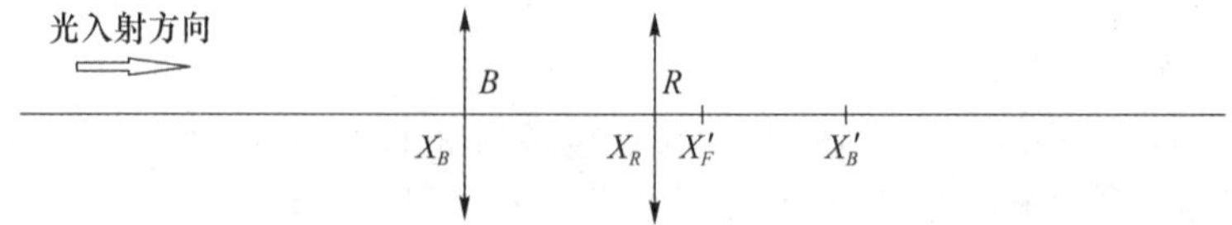

图 2-13 透镜组和像方的成像位置

(3) 第二组测量

将惠更斯双透镜组在光具导轨上反转放置,现在平行光管的出射光从透镜 L_R 进入透

镜组。

注意

由于透镜组改变了方向，对横坐标的测量改变了符号。为了避免坐标位置出现错误，下面的测量用 Y 表示位置。

1）测量透镜 L_B 的位置。

透镜 L_B 在像方的相对位置在上一步已经得到。这里用测距显微镜再次测量透镜 L_B 的位置，目的是确定透镜组反转后，物方参数测量时各测量值与透镜组的相对位置。

通过测距显微镜，观察透镜 L_B 上蓝色箭头 B，记录此时测距显微镜的位置 Y_B，作为确定后续测量坐标相对于透镜 L_B 的偏移值。

2）测量透镜组物方焦点 F 的位置。

该点在反转前为系统的物方焦点，现在它成了系统的像方焦点。

通过测距显微镜，观察平行光管的十字丝圆经过透镜组的像。如能观察到，则成像位置 Y_F 为透镜组的物方焦点。

如果观察不到，并且经过多次尝试还没有发现它，那就别再找了。

想一想：这可能是由于一个非常重大的困难造成的。

3）测量透镜 L_R 上红色箭头 R 的位置。

试着观察红色箭头 R，也就是它通过惠更斯双透镜组所成的像 R'。

能找到 R' 的位置 $Y_{R'}$ 吗？

如果经过多次尝试还没有发现它，那就别再找了。

想一想：可能是什么因素造成的？

4）测量物屏 M 的成像位置。

如图 2－14 所示，在透镜组左侧放置一物屏 M，要求 M 与 L_R 的间距在 1.5 f_R 左右。

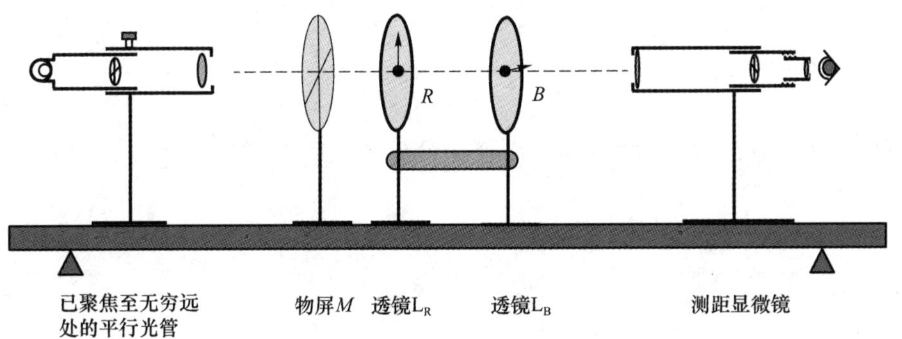

图 2－14　惠更斯双透镜组焦距测量

通过测距显微镜，观察到物屏 M 经过透镜组所成的清晰像 M'，记录此时测距显微镜的位置 $Y_{M'}$，将 5 次测量得到的位置 $Y_{M'}$ 的位置数据，记录在表 2－1 中。

将 $Y_{M'}$ 的位置标在直角坐标纸上。注意透镜组反转后坐标的变化，包括位置和方向的变化。

5）测量物屏 M 的位置。

取下透镜组，通过测距显微镜观察物屏 M，记录成清晰像时测距显微镜的位置 Y_M，将 5 次测量得到的位置 Y_M 的位置数据，记录在表 2-1 中。

将 M 的位置标在直角坐标纸上。注意透镜组反转后坐标的变化，包括位置和方向的变化。

表 2-1　惠更斯双透镜组参数测量

（单位：mm）

	X_R	$X_{F'}$	$X_{B'}$	X_B	Y_M	Y_B	Y_F	$Y_{R'}$	$Y_{M'}$
第一次							?	?	
第二次							?	?	
第三次							?	?	
第四次							?	?	
第五次							?	?	
平均值＝							?	?	
标准差＝							?	?	

处理

（4）参数计算

1）透镜组的厚度：

$$e=|X_B-X_R|=\_\_\_\_\_\_\_\_ \text{ mm}; \qquad \text{标准差}: s=\_\_\_\_\_\_\_\_$$

2）物屏的坐标位置：

$$X_M=|Y_B-Y_M|-e+X_R$$

3）物屏像的坐标位置：

$$X_{M'}=X_B-|Y_{M'}-Y_B|$$

对反转后透镜组的测量数据转换后，画在得出图 2-13 的同一张直角坐标纸上，得到图 2-15 的相对位置图。

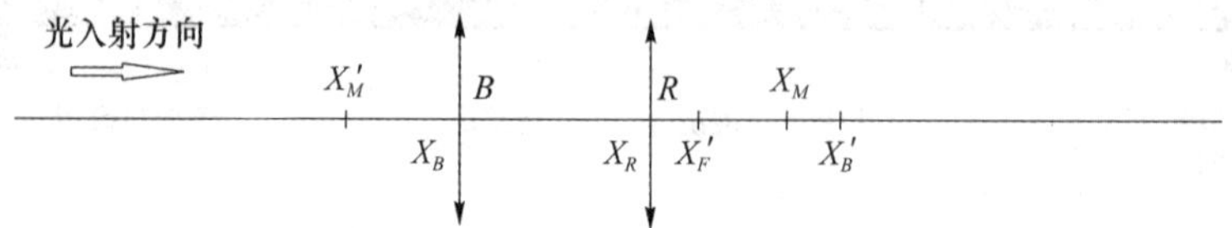

图 2-15　透镜组和物像位置图

2.5.4　消色差透镜组焦距

约定：所有的测量都是围绕惠更斯双透镜组进行的，光线从透镜 L_B 进入。

注意坐标轴的方向，在两组测量中它改变了方向。

以光线入射方向为坐标轴方向，设物方焦点位置为 X_F，位于 X_B 与 X_R 之间；

处理

对于物 B，按照牛顿公式，有：

$$\sigma'_{B'} = X_{B'} - X_{F'}$$

$$\sigma_B = X_B - X_F$$

$$\sigma'_{B'}\sigma_B = ff'$$

同样，对于物 M，按照牛顿公式，有

$$\sigma'_M = X_M - X_{F'}$$

$$\sigma_{M'} = X_{M'} - X_F$$

$$\sigma_{M'}\sigma'_M = ff'$$

因此有

$$\sigma'_{B'}\,\sigma_B = \sigma_{M'}\sigma'_M$$

$$(X_{B'} - X_{F'})(X_B - X_F) = (X_M - X_{F'})(X_{M'} - X_F)$$

由此可以求得 X_F 的值。由于透镜组的物方焦距与像方焦距相同，因此也可以得到焦距 f 的绝对值。

$$X_F = \_\_\_\_\_\_\_\_ \text{ mm}$$

$$|f| = \_\_\_\_\_\_\_\_ \text{ mm}$$

思考：f 和 f' 的符号应该怎样确定？

2.5.5　透镜组的光路示意图

处理

1）在坐标纸上，以 1/2 的比例尺，绘出惠更斯双透镜组的光路图，包含：

- 两个焦点 F 和 F'；
- 两个主点 H 和 H'；
- B 点和 B 点的像 B'。

符号法则为：设入射光从左到右。在物方，若 F 在 H 之左，则 $f>0$；在 H 之右，则 $f<0$；在像方，若 F' 在 H' 之左，则 $f'<0$；在 H' 之右，则 $f'>0$。

2）请指出哪些点是实点，哪些点是虚点。

3）在惠更斯双透镜组的光路图上，在 $X_{M'}$ 的位置以小箭头画出物 M，画出其经过透镜组的成像光路。

2.5.6　惠更斯透镜组的消色差特性

相关理论

通过理论公式，可以证明在两个透镜都由同种玻璃制作的情况下，惠更斯透镜组的消色差特性。

(1) 透镜的焦距

透镜的焦距与波长有关。如图 2－16 所示，如果折射率为 n 的薄透镜两侧的媒质具有相

同的折射率(如空气),r_1、r_2 为透镜的两个面的曲率半径,则可得到磨镜者公式:

$$\frac{1}{f}=-\frac{1}{f'}=(n-1)\left(\frac{1}{r_1}-\frac{1}{r_2}\right) \tag{2.2}$$

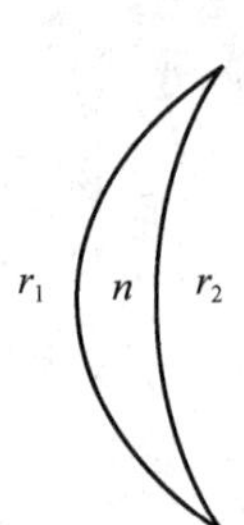

图 2-16　薄透镜

焦距的符号取决于两个面的曲率半径:

1) 透镜中央到边缘厚度递减的是会聚透镜;

2) 透镜中央到边缘厚度递增的是发散透镜;

由此可知,对于一个给定的透镜,量$(n-1)f$与波长无关。

考虑折射率改变 δn 所引起的薄透镜焦距的改变量 δf,有

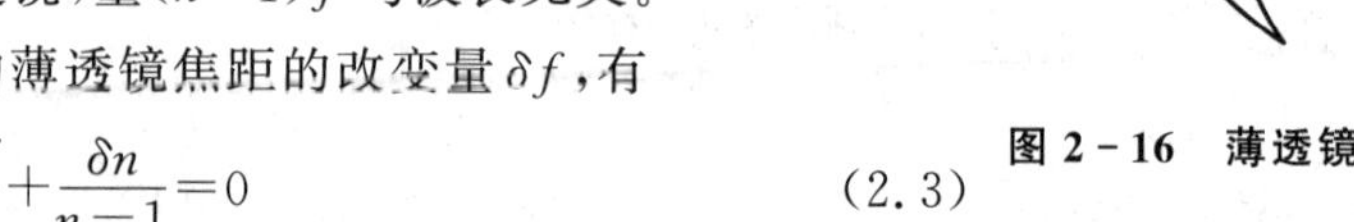

$$\frac{\delta f}{f}+\frac{\delta n}{n-1}=0 \tag{2.3}$$

(2) 透镜组

如图 2-17 所示,对于由两个共轴薄透镜组成的系统,根据式(1.5)有

$$\frac{1}{f}=-\frac{1}{f'}=\frac{1}{f_1}+\frac{1}{f_2}-\frac{l}{f_1 f_2}$$

可见,要使 $\delta f=0$,则有

$$\frac{\delta f}{f^2}=\frac{\delta f_1}{f_1^2}+\frac{\delta f_2}{f_2^2}-\frac{l}{f_1 f_2}\left[\frac{\delta f_1}{f_1}+\frac{\delta f_2}{f_2}\right]=0$$

对于使用相同玻璃(折射率为 n)的两个透镜,代入式(2.3),有

$$\left(\frac{\delta n}{n-1}\right)\left(\frac{1}{f_1}+\frac{1}{f_2}\right)=\frac{l}{f_1 f_2}\left(\frac{2\delta n}{n-1}\right)$$

即,当

$$l=\frac{1}{2}(f_1+f_2) \tag{2.4}$$

组合透镜是消色差的。

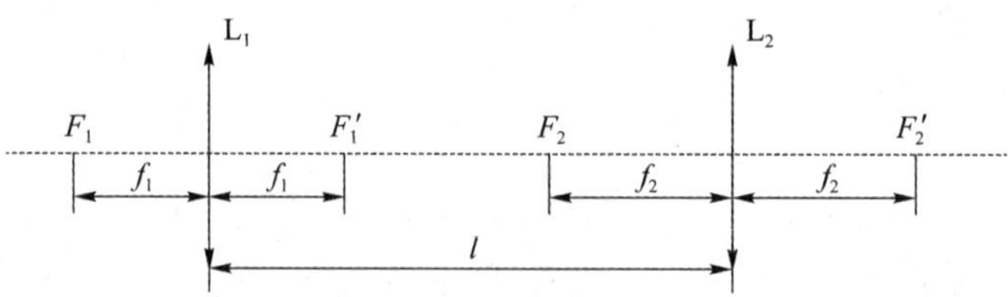

图 2-17　两个共轴薄透镜组成的系统

2.6　光学显微镜放大率测量(探究实验)

2.6.1　光学显微镜结构

如图 2-18 所示,是常见的光学显微镜的构成。

(1) 目镜

目镜是显微镜的主要组成部分,它的主要作用是将经物镜放大所得的实像再次放大,从而在明视距离处形成一个清晰的虚像。为消像差,目镜通常由若干个透镜组合而成,具有较大的

视场和视角放大率。常见的目镜由两部组成，位于上端的透镜称目透镜，起放大作用；下端透镜称会聚透镜或场透镜，使映像亮度均匀。在上下透镜的中间或下透镜下端，设有一光阑，测微计、十字玻璃、指针等附件均安装于此。目镜的孔径角很小，故其本身的分辨率较低，但对物镜的初步映像进行放大已经足够。

从使用功能上看，目镜的实质是放大镜，因此为简化处理，实验中将目镜当作一个焦距为 f'_{oc} 的凸透镜来建模（焦距的大小为厘米量级）。通常在目镜顶端或侧面能够看到标注的“5×”“10×”或“15×”符号，该标注的值为目镜的角放大率。

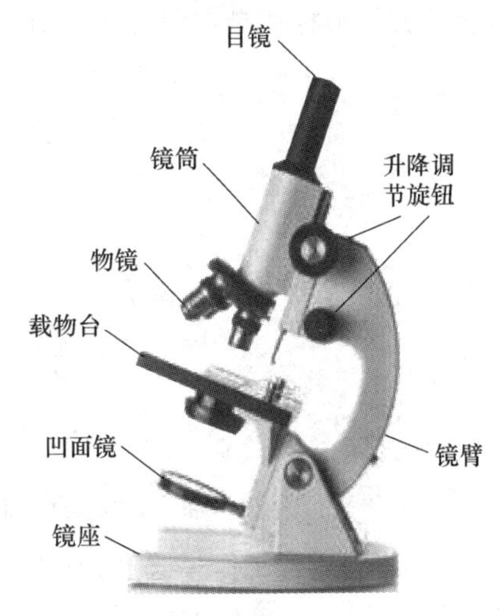

图 2-18 显微镜结构和主要部件

（2）物镜

物镜是显微镜最重要的光学部件，显微镜的成像质量在很大程度上取决于物镜的质量。物镜的作用是使物体放大成一实像，而目镜的作用是使这一实像再次放大。目镜只能放大物镜已分辨的细节，对于物镜未能分辨的细节，绝不可能通过目镜放大而变得可分辨。因此显微镜的分辨率主要取决于物镜的分辨率。

物镜的结构复杂，制作精密，通常都由透镜组组合而成。组合使用的目的是克服单个透镜的成像缺陷，提高物镜的光学质量。

物镜主要参数包括：放大倍数、数值孔径和工作距离等。放大倍数是指眼睛看到像的长度与对应标本长度的比值，即物镜的横向放大率；数值孔径表征物镜收集光线的能力，是物镜的重要性质之一，通常以“N. A.”表示。对于一定波长的入射光，物镜的分辨率完全取决于物镜的数值孔径，数值孔径越大，分辨率就越高；物镜的工作距离是指显微镜准确聚焦后，试样表面与物镜的前端之间的距离。物镜的放大率越高，工作距离越短。常见的显微镜带有物镜转换器（转台），可以同时安装多个不同放大倍率的物镜，通常可以旋转物镜转台来选择要使用的物镜。

为突出其基本原理，实验中将物镜当作一个焦距为 f'_{obj} 的凸透镜来建模（焦距的大小为毫米量级）。

（3）机械镜筒长度

机械镜筒长度是指物镜支承面到目镜支承面的距离。在显微镜中物镜与目镜的间距一般是固定的，但可以通改变镜筒位置，来调节物镜和载物台上被观测物体之间的距离。

图中的凹面镜是为了聚光（光源未在图中展示）来照亮被观测物体。可以通过该镜子的位置使得被观测物体更加明亮或黯淡，也可以增加或减少对比度。

2.6.2 光学显微镜工作原理

相关理论

图 2-19 所示为正常使用状态下显微镜光路图，包括物镜 L_1 与目镜 L_2。A_1B_1 是被观测物 AB 经物镜 L_1 所成的像，随后 A_1B_1 作为目镜 L_2 的物将成像 $A'B'$，也即人眼所观察的像。

为了使得人眼在观察 $A'B'$ 时晶状体保持放松状态,即晶状体不调焦,则 $A'B'$ 应在无穷远。这里将这种情形称作显微镜工作在"正常工作模式"。

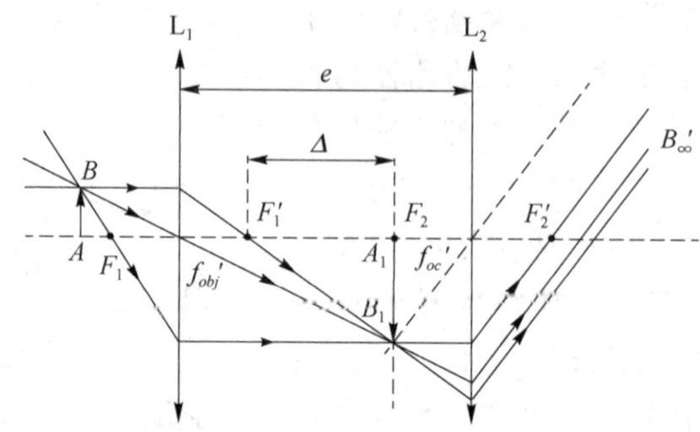

图 2-19　正常工作模式下显微镜光路图

为了满足"正常工作模式"的条件,A_1B_1 需要在目镜的物方焦平面处。升降旋钮可以调节物体 AB 与物镜 L_1 之间的距离,从而使得 A_1B_1 达到这一要求。当透过显微镜观察物体时,调节升降旋钮使得物体 AB 最终成一个清晰的像,且长时间观察眼睛不觉得疲劳,此时显微镜处于"正常工作模式"。

(1) 光学间隔

物镜像方焦点与目镜物方焦点之间的距离 $\Delta = F_1'F_2$ 被称作光学间隔(光学筒长)。不论如何选择目镜和显微镜的倍数,光学间隔均不变。光学间隔是制造商指定的,通常该值在 15 和 18 cm 之间。

(2) 物镜的横向放大率

物镜上标注的"4×""10×"或"40×"等数字,是显微镜工作在正常工作模式下,物镜的横向放大率的绝对值,$|\gamma_{obj}| = [A_1B_1]/[AB]$。可以证明在正常工作模式下,物镜的横向放大率 $\gamma_{obj} = -\Delta/f'_{obj}$。

(3) 显微镜的放大率(商业放大率)

显微镜在售卖时商家会在产品说明书中标明此款显微镜的放大倍数即显微镜的商业放大率。该放大率实际上是显微镜整体的角放大率的绝对值。

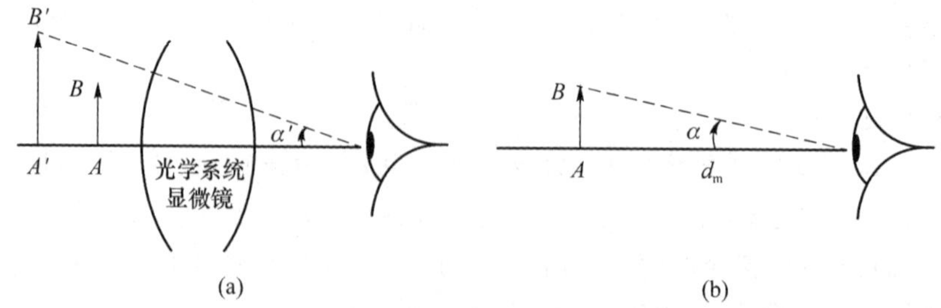

图 2-20　显微镜角放大率示意图

设用人眼直接观察距离眼睛 $d_m = 0.25$ m 的物体 AB 时,该物体与人眼将成张角 α,如图 2-20(b) 所示;而显微镜工作在正常工作模式时,人眼通过显微镜对所成像 $A'B'$(此时 $A'B'$ 理论上应画在无穷远,图 2-20(a) 为示意性画出 $A'B'$ 而将其展示在有限范围内)的张角为 α',即在观察物体 AB 时,借助显微镜可将张角由 α 变为 α',因此显微镜的角放大率表达式

可以写成

$$G_{mic}=\frac{\alpha'}{\alpha}\bigg|_{d_m} \tag{2.5}$$

在被观测物很小的条件下，α 角很小，$\tan\alpha\approx\alpha$，此时显微镜的角放大率可以写成

$$G_{mic}=\frac{d_m}{AB}\alpha' \tag{2.6}$$

上述对角放大率的定义也可以适用于显微镜的目镜和物镜。

以目镜为例，将物体 AB 放在目镜的物方焦平面，出射光为平行光即在无穷远处成像，如此可以得到张角 α'。可以证明，在上述情况下，目镜的角放大率为

$$G_{oc}=\frac{d_m}{f'_{oc}} \tag{2.7}$$

参照图 2-19，还可以证明显微镜角放大率可以写作

$$G_{mic}=\gamma_{obj}G_{oc}=-\frac{\Delta}{f'_{obj}f'_{oc}}d_m \tag{2.8}$$

式中，负号表明观察到的是倒像。上式表明，光学间隔越大（镜筒长度越大），物镜和目镜焦距越短，显微镜的放大倍率越高。

2.6.3　实验器材

本部分实验为自主探究性实验，实验中需要用的材料和使用方法将事先给出，随后将根据实验任务要求，由同学自行设计实验方案并操作完成。

(1) 带微小刻度的载玻片

载玻片的材质是透明玻璃，其上有刻度，总长为 1 mm，被均分为 100 份，最小分度为 0.01 mm。

(2) 目镜

实验室提供两种“10×”的目镜，包括一个普通目镜和带有刻度的目镜，目镜的刻度总长为 1 cm，被均分 100 份，最小分度为 0.1 mm。

图 2-21　两种“10×”的目镜

(3) 投影描绘器

使用投影描绘器可以将显微镜中观察的图像复刻到距离人眼 25 cm 位置处的坐标纸上。使用时需要将其套在目镜上方，如图 2-22 右侧所示，其原理和光路图见图 2-22 左侧。图 2-23 给出了使用坐标纸和投影描绘器时的仪器工况。

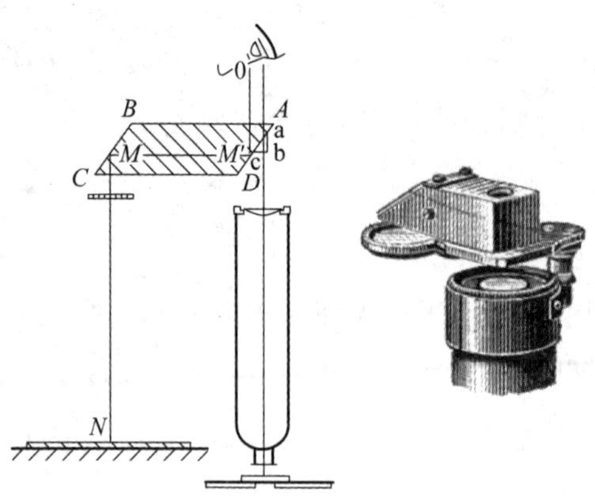

图 2-22　投影描绘器原理图

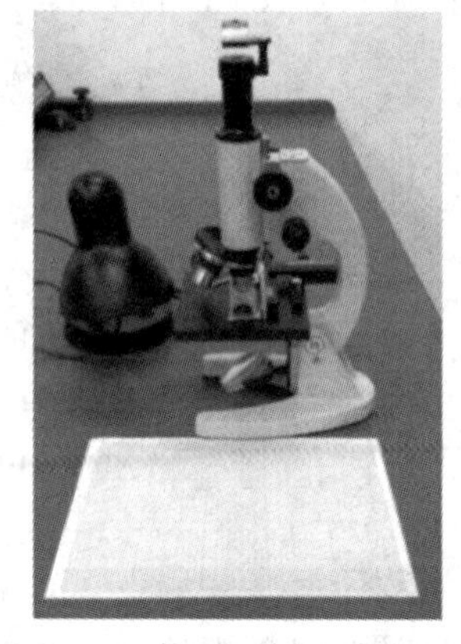

图 2-23　投影描绘器使用示意图

2.6.4　实验任务

使用实验室提供的“10×”物镜和带有刻度的“10×”目镜，自行设计实验方案，完成显微镜中下列部件的技术参数测量。

(1) 物镜的横向放大率

通过显微镜直接观测带微小刻度的载玻片，可以得到物镜的横向放大率 γ_{obj}，请给出测量方案并完成测量，要求同时给出测量放大率正负的方法。

____

____

____

____

结果：$\gamma_{obj}=$________

(2) 显微镜的商业放大率

利用投影描绘器，测量显微镜的商业放大率 G_{mic}。请给出测量方案并完成测量。

思考：实验时需要保证投影距离为 25 cm 吗？如果超过或少于 25 cm，对测量有何影响？

____

____

____

____

结果：$G_{mic}=$________

(3) 物镜焦距

1) 利用增高筒(见图 2-24)，测量物镜焦距 f'_{obj}。注意显微镜原始光学间隔的值 Δ 未知，但放上增高筒后，光学间隔的增量已知。请给出测量方案并完成测量。

____

____

____

____

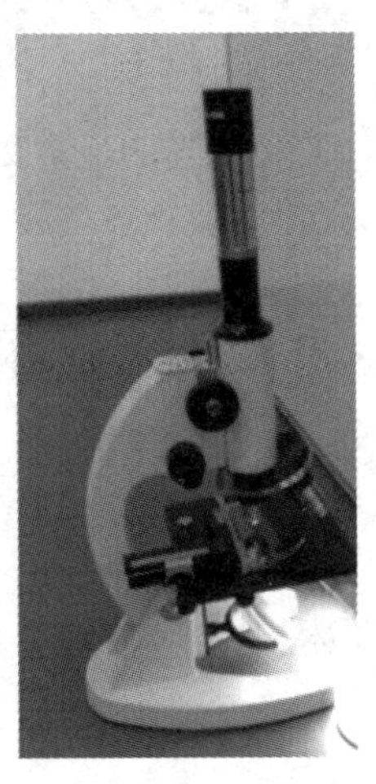

图 2-24　加了增高筒的显微镜

结果：$f'_{obj}=$________

2）利用物距像距法，测量物镜焦距 f'_{obj}。注意物距像距之和可以通过导轨上的读数得到，即 D 已知，但物镜的具体位置未知，见图 2-25。实验时可使用带有刻度的载玻片作为物，经物镜所成像的大小可以通过像屏上的坐标纸测得。请给出测量方案并完成测量。

____

____

____

____

结果：$f'_{obj}=$________

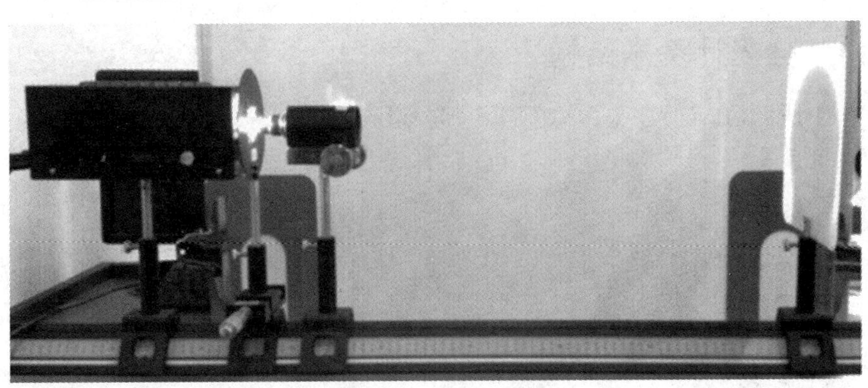

图 2-25　投影装置

第 3 章　分光计的使用和柯西色散公式

本章将介绍分光计结构及使用方法，利用光的反射原理测量三棱镜的顶角，利用折射原理测量三棱镜的最小偏向角，最后利用柯西公式，计算三棱镜的折射率。

3.1　实验目的与主要实验器材

3.1.1　实验目的

了解分光计的结构，掌握其调节方法，测量三棱镜顶角和折射率。

3.1.2　主要实验器材

① 分光计；
② 三棱镜；
③ 激光器；
④ 钠灯、汞灯。

3.2　分光计的基本结构与调节

分光计是一种可以精确测量角度的仪器，在利用光的反射、折射、衍射、干涉、偏振等原理的各项实验中用作角度测量，在实验中可以得到超过千分之一的精确度。

分光计是一种比较精密的仪器，调节时必须按照一定的方法和步骤，才能得到较为准确的实验结果。

3.2.1　分光计基本结构

如图 3－1 所示，分光计主要由以下几个部分组成：

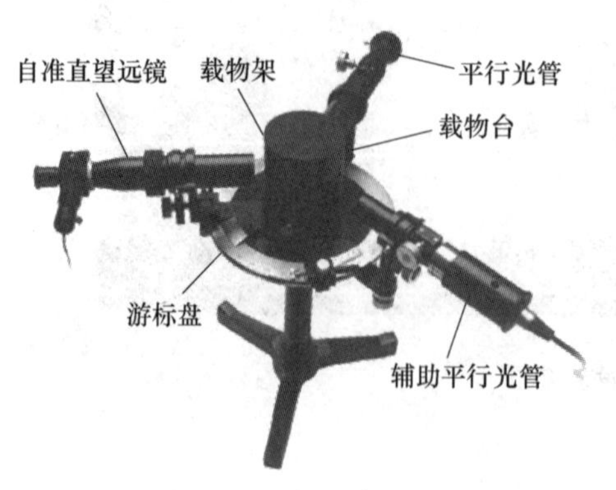

图 3－1　分光计实物图

① 自准直望远镜；
② 平行光管；
③ 载物台(带有刻度圆盘)；
④ 载物架(用来放置三棱镜)；
⑤ 辅助平行光管(带有标尺)；
⑥ 游标盘(能够精确测量到分度)。

在使用分光计时，先要对其进行一些基本调节(粗调)。调节时要小心，有些调节需要严格按照顺序进行。

调节总是从用眼睛观察开始：

- 首先，保证所有的调节螺钉都处于其

可调节范围的中间位置，平行光管基本处于水平状态。

• 然后，调节载物台的调平螺钉。将载物台调节至水平位置，并且各螺钉都处在其调节范围的中间位置。例如，可以用一枚硬币来检验三个螺钉下面的缝隙厚度是否相等。

• 防止游标盘转动受阻：将载物台置于一个恰当的位置，以使平行光管在其两侧都能达到最大入射角。

在具体调节时，首先调节自准直望远镜，然后再调节平行光管和载物台。

3.2.2　自准直望远镜的结构与调节方法

图 3－2 和图 3－3 分别为自准直望远镜的实物图和结构原理图。

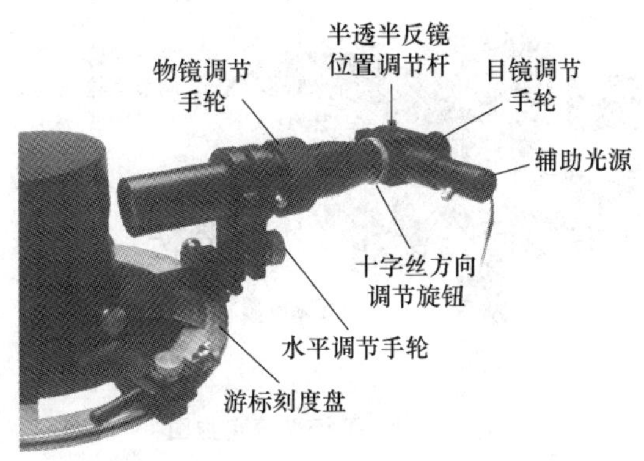

图 3－2　自准直望远镜实物图

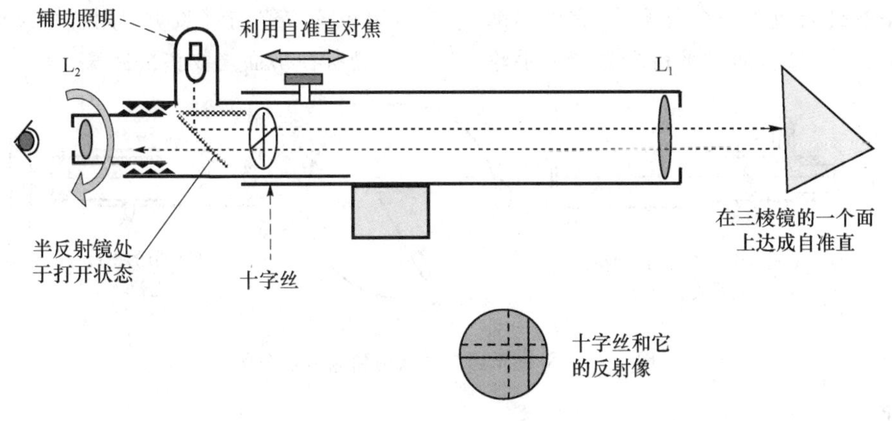

图 3－3　自准直望远镜结构图

操作

旋转目镜调节手轮，调节十字丝(叉丝)的清晰度。在黑色的视野背景中，十字丝是呈白色的。这一调节过程与观测者的视力有关，但这并不影响接下来的操作。

1）打开辅助光源，使用半反射镜进行自准直调节。

2）利用三棱镜的一个面达成自准直。旋转载物台，使望远镜主轴垂直于三棱镜的一个面，通过旋转物镜调节手轮直到视场中同时出现十字丝和它(经过三棱镜的一个面反射)的像：一个明亮，另一个(由反射形成)较暗。此间可能还需要调节望远镜的水平螺钉，以在视场中得

到反射的十字丝的像。

3) 消视差。小心旋转物镜调节手轮,仔细观察十字丝和它的像是否处在同一平面内;这一点可以通过左右轻摇头来检验;两个像应该同时移动,并且没有相对的位移,也就是说应该没有视差。这时,望远镜已被调节至聚焦于无穷远处。

4) 关闭辅助照明光源,将半反射镜置于不使用(关闭)位置(否则将看到多余的干扰像)。

3.2.3 平行光管的结构与调节方法

图 3-4 是平行光管的实物图,它的作用是产生一束平行光线,所以缝光源应该置于物镜的焦点处,这就是将要通过调节得到的。

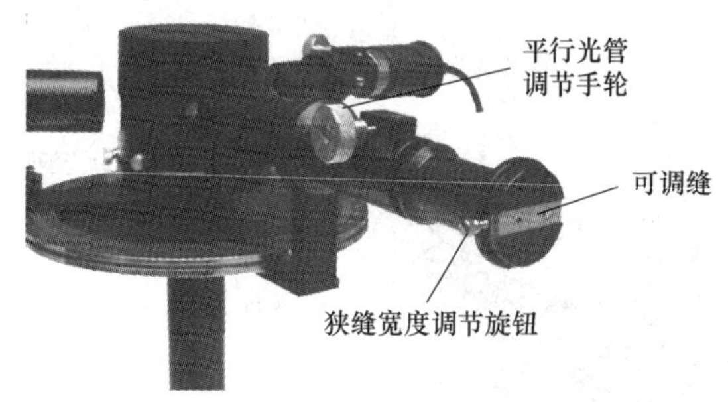

图 3-4 平行光管实物图

(1) 平行光管的结构

图 3-5 是平行光管的原理结构和调节示意图。平行光管由两个可相对滑动的镜筒构成,半径较小的镜筒包含一个可调缝,它可用钠、汞或者镉汞蒸汽光谱灯照明。用缝宽度调节旋钮可以调节狭缝宽度,通过平行光管调节手轮可以改变缝所在平面与物镜的距离。

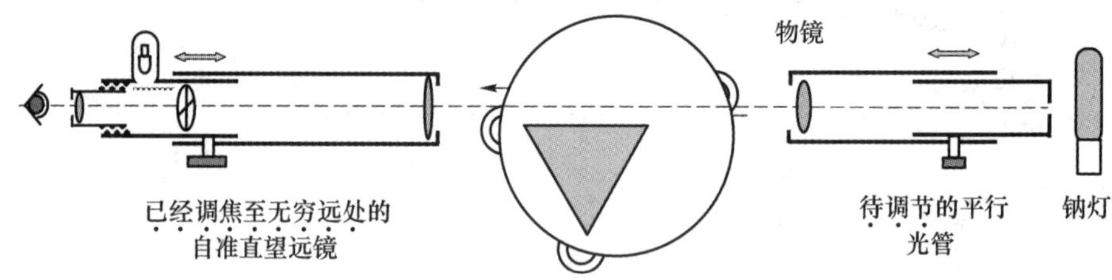

图 3-5 平行光管原理结构和调节示意图

操作

(2) 平行光管的调节

1) 调节平行光管和望远镜的相对位置,使其处于同一条光轴中,半反射镜处于不使用(关闭)状态,如图 3-5 所示。

2) 调节平行光管调节手轮,直到通过望远镜可以非常清晰地看到狭缝像。望远镜的十字丝和平行光管的狭缝像应处于同一平面内,可以通过向两侧轻摆头部(眼睛)来检验:十字丝和狭缝像同时移动,没有视差出现。

现在通过望远镜可以清晰地看到狭缝像,这意味着狭缝所处的平面与它所属的平行光管的物镜焦平面重合:实际上,狭缝通过此物镜所成的像位于无穷远处,并且恰好能被已调至聚

焦于无穷远的望远镜清楚地看到。

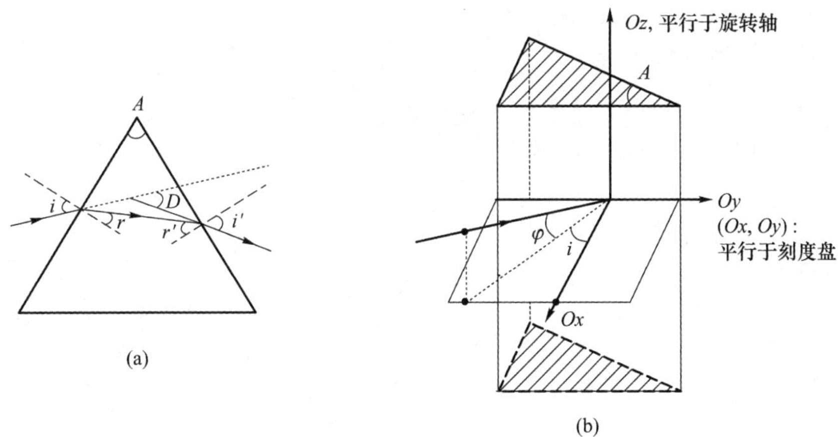

图 3-6　三棱镜入射与出射光路

3.2.4　载物台的调节

使用分光计测量时，至少要达到千分之一的精度，这就要求十分精确的调节，特别是要调节三棱镜的棱和刻度盘轴之间的平行性，因为在实验中，角度是通过“水平”平台上的刻度盘来测量的。

相关理论

(1) 基本方程

回顾一下下面实验中需要用到的与三棱镜相关的四个方程。由图 3-6(a)，根据折射定律和几何关系可知：

$$\sin i = n\sin r \tag{3.1}$$

$$\sin i' = n\sin r' \tag{3.2}$$

$$r + r' = A \tag{3.3}$$

$$D = i + i' - A \tag{3.4}$$

式中，A 为三棱镜顶角，D 为入射与出射光之间的夹角即偏向角，n 为三棱镜的折射率。

(2) 最小偏向角

对于给定的三棱镜，折射率 n 和顶角 A 为常数，由式(3.1)和式(3.2)可得

$$\cos i = n\cos r\,\frac{\mathrm{d}r}{\mathrm{d}i}$$

$$\cos i'\,\frac{\mathrm{d}i'}{\mathrm{d}i} = n\cos r'\,\frac{\mathrm{d}r'}{\mathrm{d}i}$$

由式(3.3)可得

$$\frac{\mathrm{d}r}{\mathrm{d}i} = -\frac{\mathrm{d}r'}{\mathrm{d}i}$$

用消元法可以得到

$$\frac{\mathrm{d}i'}{\mathrm{d}i} = -\frac{\cos i\cos r'}{\cos r\cos i'} \tag{3.5}$$

偏向角与出射角与入射角有关，由式(3.4)可得

$$\frac{\mathrm{d}D}{\mathrm{d}i}=1+\frac{\mathrm{d}i'}{\mathrm{d}i}$$

当

$$\frac{\mathrm{d}D}{\mathrm{d}i}=0$$

这时偏向角 D 将有一极值,此时:

$$\frac{\mathrm{d}i'}{\mathrm{d}i}=-1$$

由式(3.5)可得

$$\frac{\cos i\cos r'}{\cos r\cos i'}=1$$

$$\frac{\cos i}{\cos r}=\frac{\cos i'}{\cos r'} \tag{3.6}$$

式(3.6)取平方,并利用入射角与折射角之间的函数关系,可得

$$\frac{1-\sin^2 i}{n^2-\sin^2 i}=\frac{1-\sin^2 i'}{n^2-\sin^2 i'} \tag{3.7}$$

满足这个方程的解是 $i=i'$,同时也就有 $r=r'$。

要确定 D 的极值的性质,必须计算 $\mathrm{d}^2D/\mathrm{d}i^2$。由式(3.4)和式(3.5)可得

$$\frac{\mathrm{d}^2D}{\mathrm{d}i^2}=\frac{\mathrm{d}^2i'}{\mathrm{d}i^2}=\frac{\mathrm{d}}{\mathrm{d}i}\left[-\frac{\cos i\cos r'}{\cos r\cos i'}\right]$$

$$\frac{\mathrm{d}^2D}{\mathrm{d}i^2}=2\tan i-2\tan r\frac{\cos i}{n\cos r}=2\tan i\left(1-\frac{\tan^2 r}{\tan^2 i}\right)$$

因为 $n>1$,所以 $i>r$,又 $0<i<\pi/2$,$\tan i>0$,由此得出 $\mathrm{d}^2D/\mathrm{d}i^2>0$,因此偏向角为极小值。

(3)最小偏向角与折射率之间关系

数学上的对称性解释了物理实验上的对称性:根据光路可逆原理,$D(i)=D(i')$,对于 $i=i'$的情况,其对应的偏向角 D 为极值点 D_m,由此可得

$$r=r'=\frac{A}{2}$$

$$i=i'=\frac{A+D_m}{2}$$

$$\sin\left[\frac{A+D_m}{2}\right]=n\sin\left(\frac{A}{2}\right)$$

$$n=\frac{\sin\left[\frac{A+D_m}{2}\right]}{\sin\left(\frac{A}{2}\right)} \tag{3.8}$$

(4) 适用条件

请注意上述推导过程中得到的结论仅适用于光线处于三棱镜的主截面上,也就是说,与三棱镜的棱垂直的平面内。如果上述情况不成立,物理学家波阿色(H · Bouasse)曾经证明,通过上述公式计算得到的折射率为 n_f,可由下式给出:

$$n_f^2=n^2+(n^2-1)\tan^2\varphi$$

也可写成

$$n_f=n\sqrt{1+\left(1-\frac{1}{n^2}\right)\tan^2\varphi} \tag{3.9}$$

其中 φ 为入射光线与三棱镜主截断面之间的夹角，如图 3-6(b)所示。

所以我们需要调节载物台：三棱镜的主截面要与刻度盘平面平行，换句话说，三棱镜的棱必须与刻度盘垂直。

(5) 调节

操作

先进行粗调：先将载物台的 3 枚水平调整螺钉调至同一高度；然后，使用一种很简单的调节方法：假定三棱镜的三条棱互相平行(否则调节过程将会十分复杂)，放置三棱镜并利用一束激光照射三棱镜的各个面，如图 3-7 所示。

1) 使激光在三棱镜的一个面上反射，用铅笔标记出屏幕上的反射光点。

2) 保持激光器的位置不变，旋转三棱镜并使激光照射到第二和第三个面，并在屏幕上标记出激光经该面反射后在屏幕上的位置；调节该三棱镜面对侧的水平调整螺钉，让光点相继向几个面反射点的中点靠拢。

3)重新按上述步骤进行调节，直到三个面的反射光点重合或者相距不超过 1～2 毫米。现在三棱镜的棱已经和载物台的旋转轴基本平行了，注意不要再移动三棱镜，否则上面的调节过程要重新进行。

4) 通过三棱镜的一个面，用自准直法将望远镜调节至与载物台旋转轴垂直。

5) 将平行光管的光轴调至与上述望远镜的光轴重合。

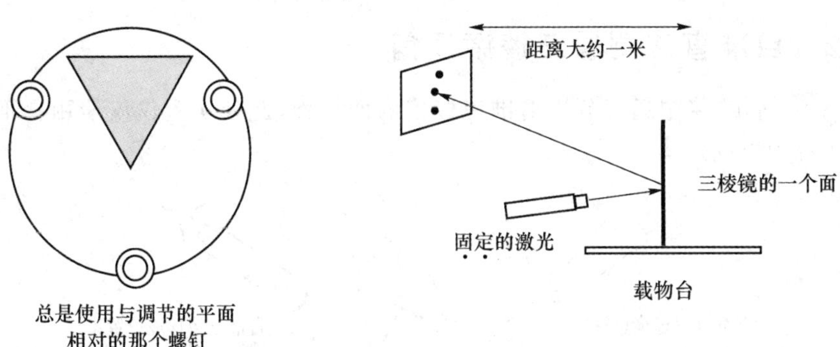

图 3-7　三棱镜调节

3.3　用两种方法测量三棱镜顶角

3.3.1　游标读数

分光计上的游标分度是半度的 1/30，也就是 1 分。

读取一个角度需要两次读数：

第一次：读取主刻度盘上的读数，即游标零刻线左边的第一个读数，在图 3-8 中，为 121°；

第二次：在游标上寻找与主刻度盘上刻度重合的刻度，在图 3-8 中为 18′；

图 3-8 的角度的读数为：$\theta=121°+18'=121°18'$；

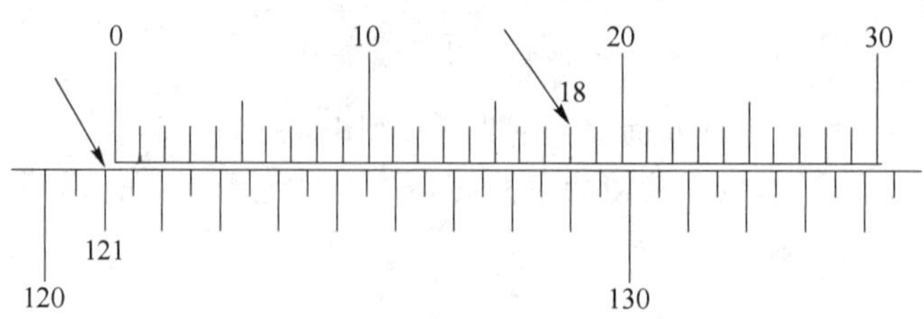

图 3-8 游标读数 121° 18′

请注意不要和下面图 3-9 的情况弄混： $\theta=121°+30'+18'=121°48'$；

第一次：读取主刻度盘上的读数，即游标零刻线左边的第一个读数：在图 3-9 中，为 121°30′；

第二次：在游标上寻找与主刻度盘上刻度重合的刻度：在图 3-9 中为 18′。

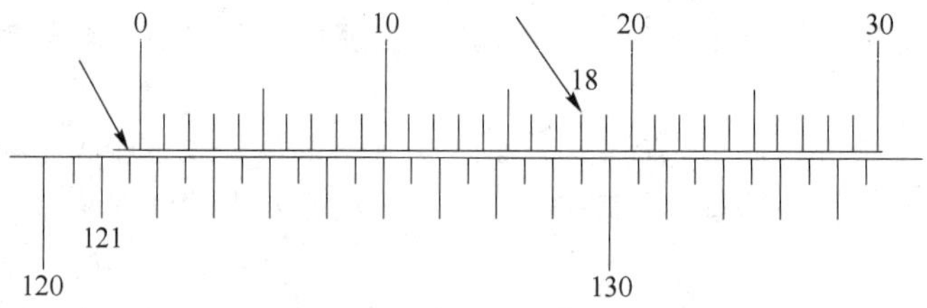

图 3-9 游标读数 121°48′

3.3.2 自准直法测量三棱镜顶角

如图 3-10 所示，将望远镜分别对准三棱镜的两个面，此处实验仅仅使用自准直望远镜(开启辅助光源和半反射镜)。

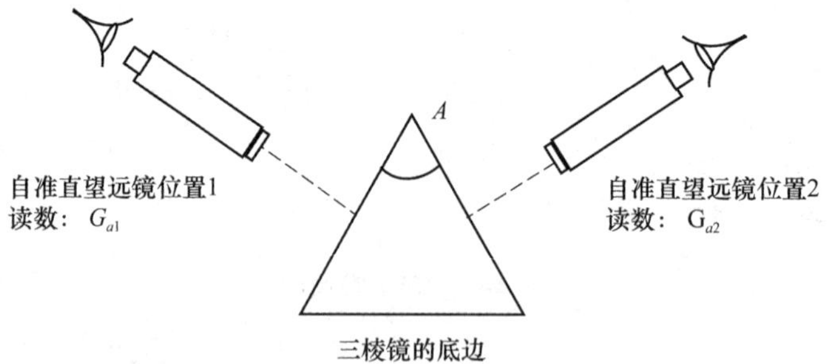

图 3-10 双自准直法测三棱镜顶角实验装置示意图

操作

1）将望远镜置于大致垂直于三棱镜左侧面的位置(俯视图)，然后调节望远镜使十字叉丝通过棱镜面的反射像与它(十字叉丝)重合(自准直位置)。

2）读取主刻度盘和游标上的刻度，确定望远镜所处位置的角度：G_{a1}(读数准确到分)。

3）同样，在三棱镜右侧面找到自准直的位置，记录望远镜所处位置的角度 G_{a2}。

处理

证明 $(G_{a1}-G_{a2})=180°-A$，进而得到三棱镜顶角 A 的值以及不确定度：

3.3.3　反射法测量三棱镜顶角

按图 3-11 布置光路。

操作

1) 检查平行光管的缝是否竖直。将望远镜与平行光管置于同一直线上，平行光管的缝应和自准直望远镜十字丝的竖线重合。

2) 平行光管(已经调焦至出平行光)发射一束同时照射于三棱镜两个面的平行光。

3) 望远镜(辅助光源已关闭并且半反射镜处于不使用状态)可以相继瞄准两束反射光线(看到清晰的狭缝，且竖直叉丝与狭缝重合)。读取他们的角度值至分，首先是“左侧”的示数 L_{a1}，然后是“右侧”的 L_{a2}。

处理

证明 $|L_{a1}-L_{a2}|=2A$，进而得到三棱镜顶角 A 的值以及不确定度。

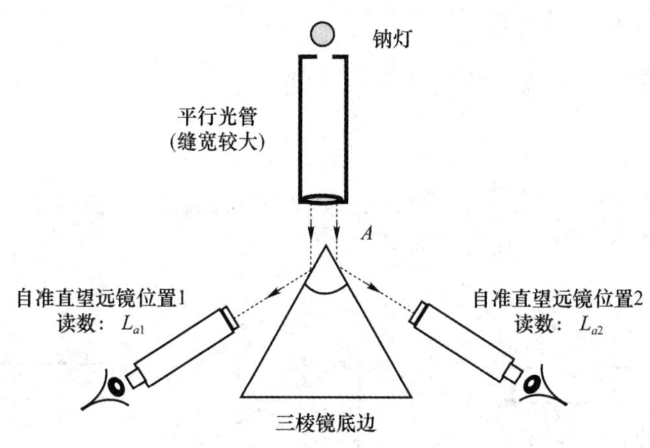

图 3-11　反射法测三棱镜顶角实验装置示意图

3.3.4　结果分析

讨论

比较两种方法各有什么特点，哪种方法更准确？

3.4 研究偏向角与入射角的关系

处理

参照图 3-6,设入射角为 i,三棱镜的折射率为 n,请推导能使光线从三棱镜出射的入射条件:

3.4.1 确定偏向角参考位置

操作

参照图 3-5,再次检查平行光管的缝是否竖直。将望远镜与平行光管置于同一直线上:平行光管的缝应和望远镜十字丝的竖线重合。记录下望远镜的位置:刻度 G_{T0},这是平行光管出射的平行光的方向,也就是测量偏向角 D 的参照位置。

在本节此后的实验中,请保持平行光管的位置固定。

3.4.2 测量入射角和偏向角(方法一)

操作

如图 3-12 所示,旋转载物台直到自准直望远镜在三棱镜的左侧面上实现自准直,此时在右侧面上的入射角就等于三棱镜的顶角 A。

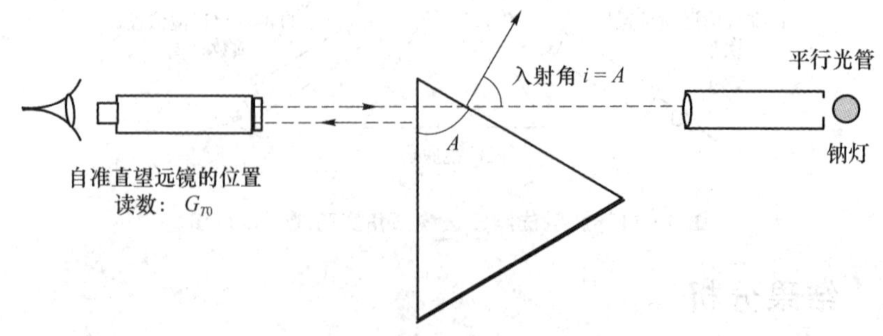

图 3-12 测量偏向角 D(方法一)

记录下此时三棱镜的位置:刻度 G_i,在这个位置上入射角 $i=A=G_i-G_{P0}$,由此可以推

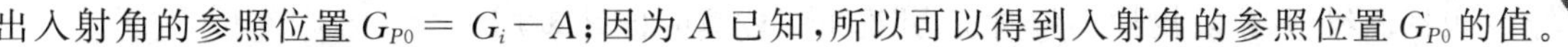

出入射角的参照位置 $G_{P0}=G_i-A$；因为 A 已知，所以可以得到入射角的参照位置 G_{P0} 的值。

(1) 首先用肉眼直接寻找偏折光线。为了有足够的光强，可以先将狭缝宽度调大；从较“容易”的入射角开始，比如 50°或者 60°；寻找向三棱镜底面偏折的折射光线。

(2) 一旦用肉眼确定了偏折光的位置，将头后仰(移动)但在视野中保留缝的像，将望远镜缓缓移至眼睛的观察位置，并通过望远镜目镜可以观察到狭缝的像。

(3) 固定望远镜，调节狭缝宽度以减小平行光管出射光的强度，同时轻轻地扭动望远镜平移微调螺钉，将十字丝竖线对准狭缝的像，并记录下望远镜的位置 G_{TD}，以及三棱镜所在的精确位置 G_P。由偏向角的参照位置 G_{T0} 可以计算出偏向角 $D=G_{TD}-G_{T0}$；同样，由三棱镜入射角的参照位置 G_{P0} 可以计算出入射角 $i=G_P-G_{P0}$；

(4) 旋转载物台改变三棱镜位置，按 10°为间隔改变入射角 $i=80°$，70°，60°，50°，40°，30°，20°(?)，分别得到 G_{TD} 和 G_P，记录在表 3-1 中。

表 3-1　入射角与偏向角关系表(方法一)

偏折的参照位置 $=G_{T0}=$___°___′			$A=$___°___′	入射的参照位置 $=G_{P0}=$___°___′			
G_{TD}							
$D=G_{TD}-G_{T0}$							
G_P							
$i=G_P-G_{P0}$							
折射率 $n=$							

处理

(5) 在图 3-13 坐标纸上做出 $D(i)$ 曲线

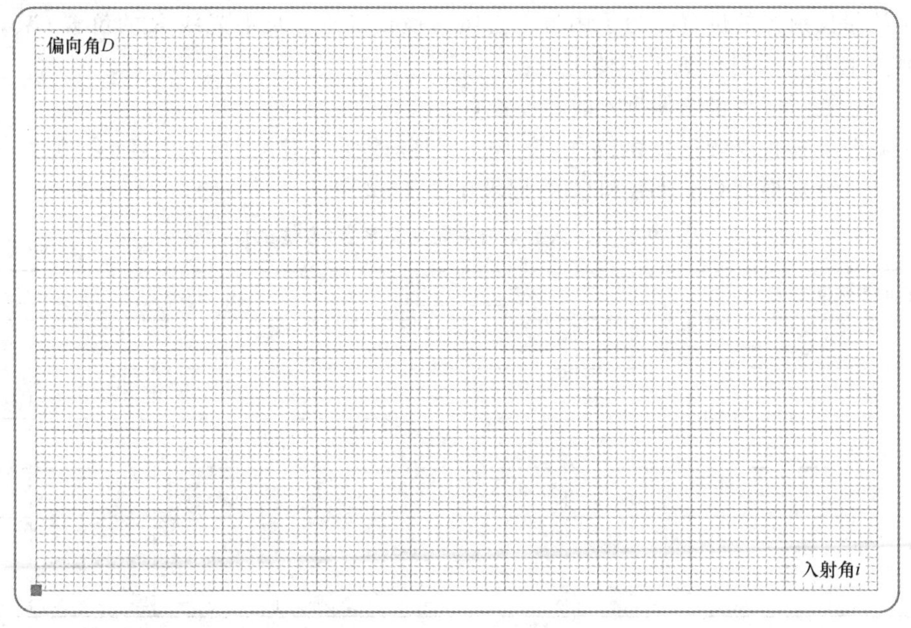

图 3-13　偏向角曲线图(方法一)

根据曲线图,推算出最小偏向角,并推出三棱镜的折射率 n:

D_m=________,n=________;

对应上表中每次测量计算 n 的值,得到平均值:n_A = ________,平均值的标准差:s=________。

3.4.3 测量入射角和偏向角(方法二)

如图 3-14 所示:

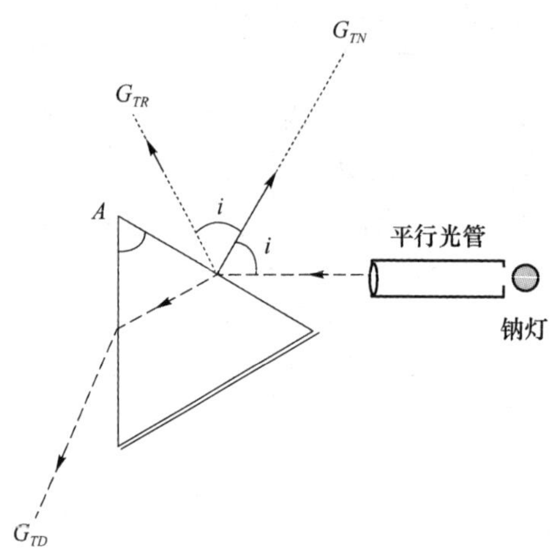

图 3-14 测量偏向角 D(方法二)

操作

(1) 将望远镜置于三棱镜右侧,在入射面用自准直法定位法线 N 的位置 G_{TN};

(2) 测量反射光的位置。为了用自准直望远镜正确定位反射光线 R 的位置 G_{TR},请关闭辅助光源并且将半反射镜置于不使用状态;

(3) 定位通过三棱镜的偏折光线的位置 G_{TD};

(4) 旋转载物台改变三棱镜位置,按 10°为间隔改变入射角 i=80°, 70°, 60°, 50°, 40°, 30°, 20°(?),分别得到 G_{TN}、G_{TR} 和 G_{TD},记录在表 3-2 中。

表 3-2 入射角与偏向角关系表(方法二)

偏折的参照位置=G_{T0}=___°___′			A =___°___′				
G_{TD}							
$D = G_{TD} - G_{T0}$							
G_{TN}							
G_{TR}							
$i = (G_{TR} - G_{TN})$							
折射率 n=							

处理

(5) 在图 3－15 坐标纸上做出 $D(i)$ 曲线

图 3－15　偏向角曲线图(方法二)

根据曲线图,推算出最小偏向角,并推出三棱镜的折射率 n:

D_m＝________,n＝________;

对应上表中每次测量计算 n 的值,得到平均值:n_A＝________,平均值的标准差:s＝________。

讨论

上述两种测量入射角的方法各有什么特点?对测量精度有何影响?

____

____

____

____

3.5　用最小偏向角法研究三棱镜的折射率与波长的关系(柯西色散公式)

下面将介绍利用最小偏向角法测量三棱镜的折射率。与上面的方法相比,测量更加简单快速,得到的精度也会更高。

3.5.1 最小偏向角测量

操作

(1) 调节

经验:首先用钠灯开始调节。

按图 3-16(a)光路,用肉眼直接寻找偏折光线。为了有足够的光强,可先将狭缝调大;从较“容易”的入射角开始,比如说 50°或者 60°;寻找向三棱镜底面偏折的折射光线。

一旦偏折的位置确定,旋转三棱镜直到观察到偏折改变了方向:这就是最小偏向角;尽量精确地找到这个位置;然后将头后仰(移动)但在视野中保留缝的像,将望远镜缓缓移至眼睛的观察位置,并通过望远镜目镜可以观察到狭缝的像。

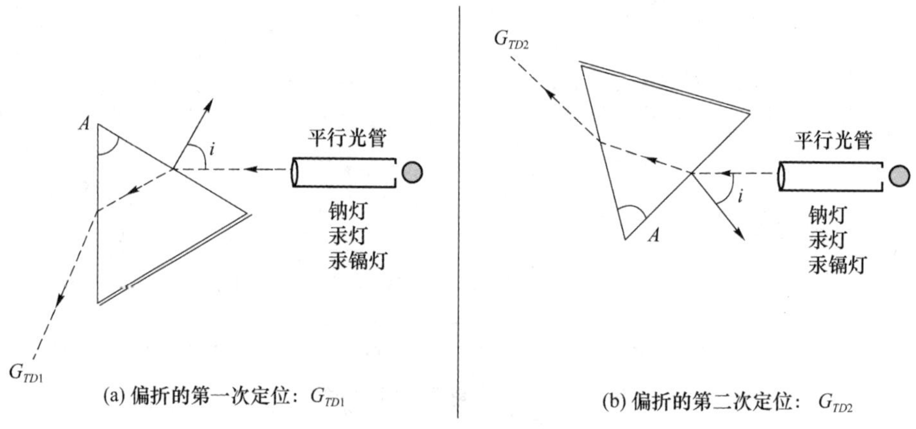

图 3-16　最小偏向角法测量折射率

再次仔细调整三棱镜位置,借助望远镜尽量精确地找到最小偏向角的位置。以图 3-16(a)的情况为例,稍稍转动三棱镜,如果看到光谱线向左移动,则继续沿该方向转动三棱镜,会看到光谱线向左移动到某个位置后折返回来向右移动,那么,光谱线所到达的“最左”的位置,即为最小偏向角的位置;如果稍稍转动三棱镜时,看到光谱线向右移动,则反方向转动三棱镜,使光谱线向左移动,找到其所能到达的“最左”的位置。固定望远镜,调节狭缝宽度以减小平行光管出射光的强度,同时轻轻地扭动望远镜平移微调螺钉,将十字丝竖线对准狭缝的像,并记录下望远镜的位置的示数:G_{TD1}。

旋转载物台使三棱镜处于图 3-16(b)所示位置处,重新进行上述操作并记录下望远镜的第二个位置 G_{TD2},由此可以得到:

$$(G_{TD2}-G_{TD1})=2D_m$$

从而得到最小偏向角。

(2) 测量

利用钠灯、汞灯和汞镉灯分别作为平行光管的照明光源,实现对不同的已知谱线(如表 3-3 所列)进行测量:缓慢地将平行光管的狭缝调小,直到能看到多条谱线。选择那些强度较高并易于定位的谱线(至少对六个波长排列分散的谱线进行测量,从 430 nm 至 650 nm;比如,可以利用钠灯的 6 条强谱线,汞灯的 3 条亮谱线以及汞镉灯的红色强谱线)。按上述方法分别测量

每条谱线的最小偏向角。

将测量结果填入表 3-4，在图 3-17 坐标纸上绘制 n 关于 $1/\lambda^2$ 的曲线。

表 3-3　钠灯和汞镉灯主要光谱线

光谱灯	颜色	波长(nm)	强度
Na	红	615.7	强
	黄	589.6～589.0	强双线
	黄绿	568.8～568.3	强双线
	绿	515.2	强
	蓝绿	498.1	强
	蓝紫	475.0	极弱
	紫	466.7	强
Hg	红	690.7	弱
	红	623.4	弱
	红	612.3	很弱
	红	607.2	很弱
	黄	579.1～577.0	强双线
	黄绿	546.1	强
	绿	496.0	很弱
	蓝绿	491.6	弱
	蓝紫	435.8	较强
	紫	407.8	很弱
	紫	404.7	强
Cd	红	643.8	强
	绿	508.6	较强
	蓝	480.0	较强
	蓝紫	467.8	弱

处理

表 3-4　波长与最小偏向角关系

λ									
颜色，光源									
G_{TD1}									
G_{TD2}									
D_m									
n									
$1/\lambda^2$									

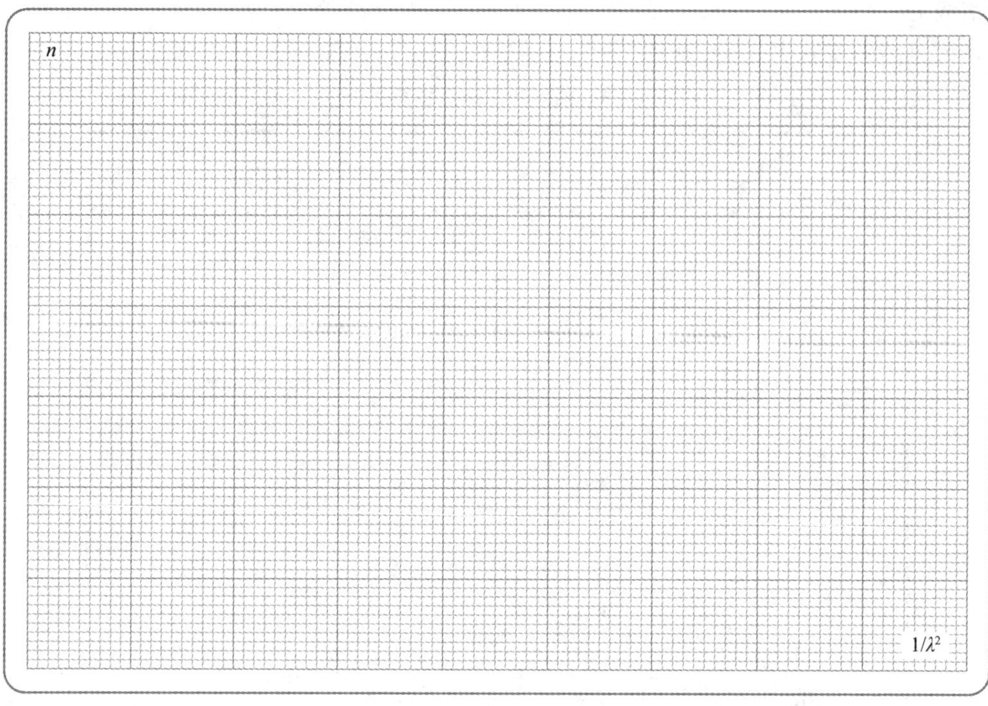

图 3-17 $n-1/\lambda^2$ 关系曲线

3.5.2 验证柯西色散公式

相关理论

介质的折射率随波长变化的现象叫作光的色散现象,正常色散的经验公式由柯西色散公式给出,在忽略高次项的情况下,三棱镜的折射率与波长的关系可以近似表述为

$$n(\lambda)=a+\frac{b}{\lambda^2}+\frac{c}{\lambda^4}$$

式中,a、b、c 是由所研究的介质特性决定的常数。本实验中,所研究的波长范围间隔不太大,柯西公式可只取前两项:

$$n(\lambda)=a+\frac{b}{\lambda^2} \tag{3.10}$$

处理

1) 用柯西色散公式是否可以解释上述曲线?

2) 利用钠灯的黄色双谱线(589.6~589.0 nm)和紫色谱线(466.7 nm)作为已知波长,计算式中的参数 a 和 b,得到三棱镜的折射率表达式。

思考:实验时为什么只能看到一条黄色亮线而不是双线?

第4章　光栅和棱镜光谱仪的搭建及应用

光谱仪是一种能看到光的“谱线”的光学仪器。很多光源会发出多种不同波长的光波，有的光源发射的光波的谱（波长分布）是连续的，有的则是离散的谱线，如实验室使用的汞灯、汞镉灯、钠灯等等。

摄谱仪是一种能将光源发出的光的谱线（波长），记录在一张纸上、底片上或者是计算机文件上的光学仪器。

不论是光谱仪或是摄谱仪，它们都包含了一个色散元件，就是说某种物理性质与透过的光的波长有关的元件。一旦获知了这种性质与波长 λ 之间的关系，就可以搭建一个光谱仪。棱镜光谱仪的色散元件是棱镜，它是基于制作棱镜的玻璃的色散作用构成的，也就是说，它的折射率或者说偏向角与光的波长有关。光栅光谱仪的色散元件是光栅，工作原理是入射光通过光栅后的衍射角与波长有关。

4.1　实验目的与主要实验器材

4.1.1　实验目的

① 利用分光计搭建并校准三棱镜光谱仪；
② 研究光栅的一些性质；
③ 利用分光计搭建并校准光栅光谱仪；
④ 利用搭建的光谱仪测量钠灯的谱线。

4.1.2　主要实验器材

① 带有测微辅助平行光管的分光计；
② 三棱镜；
③ 光栅；
④ 钠灯、汞灯、汞镉灯。

4.2　棱镜光谱仪的搭建与应用

4.2.1　预调节

操作

调节方法与上一章分光计的使用实验是一样的：

- 调节自准直望远镜的目镜，看到清晰的十字叉丝；
- 用自准直法将望远镜聚焦至无穷远；
- 调节平行光管使之出射平行光（狭缝位于平行光管物镜的焦平面上）；

- 调节三棱镜的棱与分光计载物台旋转轴平行；
- 分别将自准直望远镜和带缝的平行光管调至水平位置。

4.2.2　测微辅助平行光管

为了测量波长，可以利用上一章实验得出的折射率与波长的关系曲线，通过测量折射率得到波长。但是需要注意的是，这条关系曲线是通过测量最小偏向角得到的，这很浪费时间。

使用测微辅助平行光管，则可以简化操作过程并节省时间。

测微平行光管结构与其他平行光管类似，但包含有辅助照明光源，在原来分划板或者狭缝的位置，放置一个标尺（千分尺）。带测微辅助平行光管的分光计组成的棱镜光谱仪如图 4－1 所示。

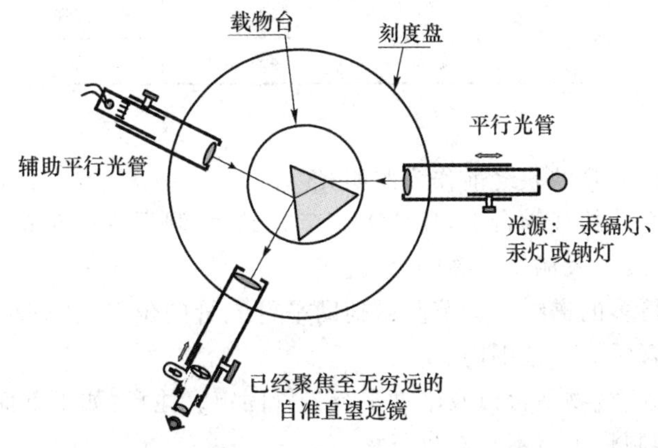

图 4－1　带测微辅助平行光管的分光计组成的棱镜光谱仪

利用调节带狭缝的平行光管的方法，使辅助平行光管出射平行光；利用一个已聚焦至无穷远的自准直望远镜直接观察平行光管的出射光，旋转辅助平行光管调节手轮（调节标尺与物镜的相对位置），直至观察到清晰的标尺的像。

实验时，测微辅助平行光管发出的光经过棱镜反射，可被自准直望远镜观测到，测微平行光管的标尺与谱线在同一平面，可以测量谱线的位置。

4.2.3　棱镜光谱仪的搭建和标定

(1) 使用汞镉灯作为标准光源

汞镉灯的主要光谱线如表 4－1 所列。

表 4－1　汞镉灯光谱线

光谱灯	颜色	波长(nm)	强度
Hg	红	690.7	弱
	红	623.4	弱
	红	612.3	很弱
	红	607.2	很弱
	黄	579.1～577.0	强双线

续表 4-1

光谱灯	颜色	波长(nm)	强度
Hg	黄绿	546.1	强
	绿	496.0	很弱
	蓝绿	491.6	弱
	蓝紫	435.8	较强
	紫	407.8	很弱
	紫	404.7	强
Cd	红	643.8	强
	绿	508.6	较强
	蓝	480.0	较强
	蓝紫	467.8	弱

操作

将汞镉灯置于平行光管的狭缝前作为照明光源。

将三棱镜置于分光计的载物台上,按要求调节完成后,调至波长 546.1 nm 黄绿光的最小偏折位置,该波长的谱线为汞镉灯最亮的谱线。

尽量仔细辨认出最多的谱线。调节测微辅助平行光管的位置,尝试尽可能将光源的谱线全部置于辅助平行光管的标尺范围内。

将主光源平行光管、载物平台以及辅助平行光管固定。注意:如果上面任一装置发生了移动,整条标准曲线的绘制将不得不重新进行!

在测微千分尺的刻度范围内分辨出尽量多的谱线位置:对每个波长 λ,读出它所对应的刻度值 $G(\lambda)$,记录在表 4-2 中。

(2) 测量结果

表 4-2 汞镉光源的棱镜光谱仪校准数据

汞,颜色										
镉,颜色										
波长 (nm)										
$G(\lambda)$										

(3) 画出校准曲线

在图 4-2 坐标纸上画图,用光滑的曲线连接表中各点,绘出 $G(\lambda)$(需要小心地标注出所用的单位)。

4.2.4 钠灯光谱的测量

操作

将汞镉灯换成钠灯,注意不要移动其余的设备。

处理

1) 在钠灯的谱线中找出其中一些比较明亮的谱线,并将其位置 G_λ 记录在表 4-3 中;

图 4-2　棱镜光谱仪标定曲线图

2）根据上面绘出的棱镜光谱仪的校准曲线，确定这些钠灯谱线对应的波长。

表 4-3　利用棱镜光谱仪测量钠灯谱线

钠，颜色										
G_λ										
波长（nm）										

3）尝试分辨出钠的黄色双线

相关理论

下面来考虑一束平行光线通过棱镜的情况，如图 4-3 所示。A 为三棱镜顶角，D 为入射与出射光之间的夹角即偏向角，n 为三棱镜的折射率。设 B_1' 和 B_2' 分别是从 B_1 和 B_2 到通过棱镜边 A 的光线的垂足。令 $B_1B_1'=l_1$；$B_2B_2'=l_2$，$B_1B_2=t$。

棱镜的角色散可以表述为

$$\frac{\mathrm{d}D}{\mathrm{d}\lambda}=\frac{\mathrm{d}D}{\mathrm{d}n}\frac{\mathrm{d}n}{\mathrm{d}\lambda} \tag{4.1}$$

等式中右边第一个因子完全取决于几何安排，第二个因子则表征棱镜所用玻璃的色散本领。偏向角 D 是折射率 n 的函数，因为 n 是波长的函数，所以 D 随波长改变而改变。

对于顶角 A 已定的三棱镜，当入射角 i 不变时，由式(3.3)和式(3.4)可得

$$\frac{\mathrm{d}r}{\mathrm{d}n}=-\frac{\mathrm{d}r'}{\mathrm{d}n} \tag{4.2}$$

$$\frac{\mathrm{d}D}{\mathrm{d}n}=\frac{\mathrm{d}i'}{\mathrm{d}n} \tag{4.3}$$

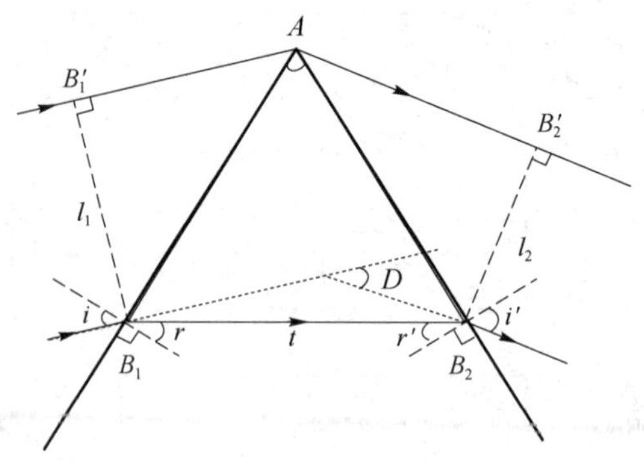

图 4-3　棱镜的色散

在入射角 i 不变时,由式(3.1)和式(3.2)可得

$$\sin r + n\cos r\,\frac{\mathrm{d}r}{\mathrm{d}n} = 0 \tag{4.4}$$

$$\cos i'\,\frac{\mathrm{d}i'}{\mathrm{d}n} = \sin r' + n\cos r'\,\frac{\mathrm{d}r'}{\mathrm{d}n} \tag{4.5}$$

由式(4.2)和式(4.5)可得

$$\frac{\mathrm{d}D}{\mathrm{d}n} = \frac{\sin\,(r + r')}{\cos i'\cos r} = \frac{\sin A}{\cos i'\cos r} \tag{4.6}$$

利用正弦定理,由三角形 AB_1B_2 可得

$$\frac{AB_2}{\sin\left(\dfrac{\pi}{2} - r\right)} = \frac{t}{\sin A}$$

$$AB_2 = \frac{\cos r}{\sin A}t$$

由三角形 AB_2B_2' 可得

$$AB_2 = \frac{l_2}{\sin\left(\dfrac{\pi}{2} - i'\right)} = \frac{l_2}{\cos i'}$$

由此得到

$$\frac{\cos r}{\sin A}t = \frac{l_2}{\cos i'} \tag{4.7}$$

将式(4.7)代入式(4.6),并由式(4.1)得到:

$$\frac{\mathrm{d}D}{\mathrm{d}\lambda} = \frac{t}{l_2}\frac{\mathrm{d}n}{\mathrm{d}\lambda} \tag{4.8}$$

在最小偏向角位置,根据对称性,有 $l_1 = l_2$,而且如果光束足够覆盖棱镜,则 t 等于棱镜底边长度,l_2 为色散元件(棱镜)在色散平面内的有效孔径宽度,即光谱仪的孔径光阑宽度。

根据瑞利准则,棱镜光谱仪的理论分辨率等于角色散率与有效孔径在色散平面内宽度的乘积:

$$R = \frac{\bar{\lambda}}{\delta\lambda} \approx l_2\,\frac{\mathrm{d}D}{\mathrm{d}\lambda} = t\,\frac{\mathrm{d}n}{\mathrm{d}\lambda}$$

由此可知,棱镜的分辨率只与制造棱镜的材料的色散率和棱镜底边的长度有关,要增大棱镜的分辨率，可以增大棱镜底边的长度，选用色散率大的材料制造棱镜，也可以增加棱镜的个数。

根据实验中所用的三棱镜，计算钠灯黄色双线波长 λ 对应的分辨率 R（计算 $\mathrm{d}n/\mathrm{d}\lambda$ 的有关方法参见上一章的实验内容）。

思考：

讨论

- 在实验中使用的分光计在理论上能够分辨出钠的黄色双线吗？
- 如果在上述实验中你们没有分辨出这两条谱线，你认为这是由于什么原因造成的呢？

操作

在观察光谱灯的谱线时，挡住三棱镜靠底边部分的入射光，使三棱镜等效底边变短，会观察到什么现象？

4.3　光栅光谱仪的搭建与应用

相关理论

4.3.1　理论回顾

本实验使用的透射光栅是根据(0,1)透射原理制成的刻画光栅，从图 4－4 可知，它的模型可以被认为是在一不透光的平面上刻画出长方形（长度 H，宽度 h 且 $H \gg h$）的条缝，它们互相平行并且是等间距的，条缝间距为 a，光栅的条纹总数为 N，总宽 $L=N \cdot a$。

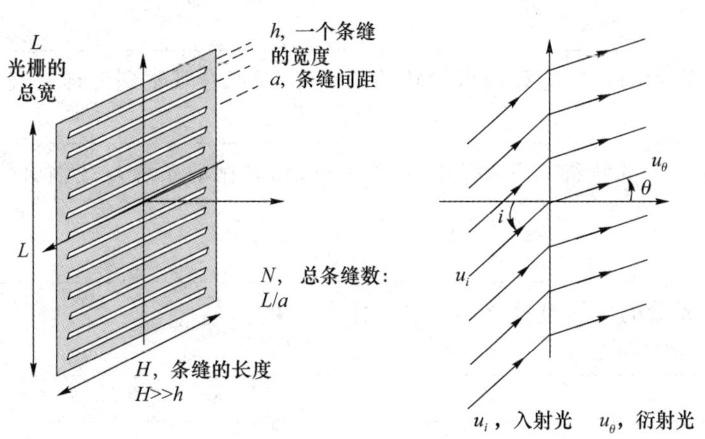

图 4－4　光栅结构与衍射原理

实验中通常使用如下尺寸的光栅：

- 光栅常数（条纹间距）a 在 10 μm 以下量级，$h \approx 1$ μm；
- 实际描述光栅时，常用光栅常数的倒数 $n=1/a$ 来表述。对于实验室常用的光栅，其值一般在 10^2 lines/mm 量级（每毫米数百线）；

• H 在 cm 量级,N 在 10^3 量级。

在真空中波长为 λ 的单色光源照明时,利用惠更斯-菲涅尔的衍射理论可以证明:

$$a(\sin\theta - \sin i) = p\lambda \tag{4.9}$$

此为光栅方程,式中 a 为条纹间距,i 为入射角,θ 为衍射角,p 为一整数,称为衍射的阶数。

操作

4.3.2 预调节

基本步骤同 4.2 节对棱镜光谱仪的调节一样。

将光栅置于原来三棱镜所在位置,和上面的步骤一样,要调节光栅所在的平台,使光栅所在平面与载物台旋转轴平行:

• 将激光照射在光栅的一面上,在放置于距其一米处的屏幕上标出反射光线;

• 将光栅转过半圈,记下新的反射光线的位置,接着旋动载物平台上的螺钉把这个反射光点调节至两个标记中点的位置;

• 反复调整直至光栅的两个面反射的光线基本处于同一位置。

(1) 调节自准直望远镜和平行光管,并保证平行光管的主光轴与光栅所在平面基本垂直;

(2) 选择汞镉灯作为光源;

(3) 使用每毫米 600 线的光栅。

通过望远镜观察 0 阶谱线的位置,以及阶数为 1、-1、2 和 -2 的衍射光的谱线。

讨论

思考

1) 为什么要使用条缝光源?如用点光源我们会观察到什么?

---

2) 如果平行光管的狭缝与载物台旋转轴不平行,我们会观察到怎样的现象?

---

3) 如果平行光管的狭缝与载物台旋转轴平行,而光栅的条缝与载物台旋转轴不平行,又有什么样的结果?

---

4) 如果平行光管的狭缝过宽过高会出现什么现象?

4.3.3 用最小偏向角法确定光栅常数

相关理论

(1) 理论知识

对给定的阶数以及给定的波长 λ,当只改变入射角 i 时,存在最小偏向角 D_m。

如图 4-5 所示,角度符号的定义为:光栅法线逆时针转至光线时角度为正,顺时针转至光

线时角度为负，且角度小于 π/2，得到偏向角：

$$D=i-\theta$$

式中，i 为入射角，θ 为衍射角；偏向角 D 具有极小值的条件是

$$\frac{\mathrm{d}D}{\mathrm{d}i}=0;\quad \frac{\mathrm{d}^2D}{\mathrm{d}i^2}>0$$

因此有

$$\frac{\mathrm{d}D}{\mathrm{d}i}=1-\frac{\mathrm{d}\theta}{\mathrm{d}i}=0$$

由光栅方程(4.9)可得

$$\frac{\mathrm{d}\theta}{\mathrm{d}i}=\frac{\cos i}{\cos\theta}=1$$

因此有 $\cos\theta=\cos \mathrm{i}$，因为 θ 和 i 均小于 π/2，所以有 $i=\pm\theta$。

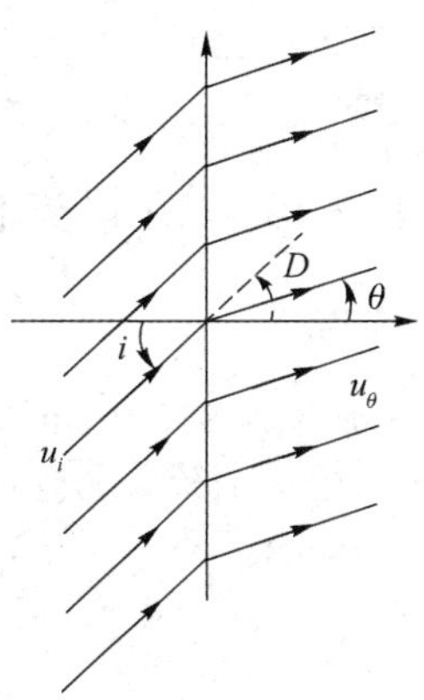

图 4-5　光栅的偏向角 D

当 $\theta=i$ 时，偏向角 D 等于 0，所以只有 $\theta=-i<0$ 成立。此时入射光线与衍射光线在法线的同一侧，最小偏向角 $D_m=2i>0$，且有

$$2a\ \sin i=p\lambda>0$$

故有 $p>0$；而

$$\frac{\mathrm{d}^2D}{\mathrm{d}i^2}=-\frac{\mathrm{d}^2\theta}{\mathrm{d}i^2}=-\frac{\mathrm{d}}{\mathrm{d}i}\left(\frac{\cos i}{\cos\theta}\right)=\frac{(1+\sin i\sin\theta)p\lambda}{a\ \cos^3\theta}>0$$

这就证明最小偏向角确实存在。

同样，根据对称性原理，当入射角 $i<0$ 时，也同样存在最小偏向角，且满足：

$$2a\sin\left(\frac{D_m}{2}\right)=p\lambda \tag{4.10}$$

1) 如果波长已知，测出 p 级的最小偏向角，就可以得到光栅条纹间距 a；

2) 如果条纹间距(光栅常数) a 已知，测出 p 级的最小偏向角，就可以得到照明光波长 λ。

讨论

思考： 同色光 $+p$ 级处于最小偏向角位置时，其 $-p$ 级衍射角关于零级谱线对称吗，为什么？

---

(2) 实验测量

操作

实验时使用 600 lines/mm 的光栅，以汞镉灯作为照明光源。

- 完成分光计预调，找到汞灯 546.1 nm 黄绿光的 1 阶衍射谱线；
- 旋转载物台，观察黄绿光 1 阶衍射谱线偏转，旋转的方向应使偏向角变小；
- 在望远镜中观察到谱线偏向反转时，固定望远镜，轻轻地扭动望远镜平移微调螺钉，将十字丝竖线与谱线位置重合，读取望远镜的位置数据，记为 G_{mini1}；
- 改变载物台位置，使平行光管发出光的入射角在光栅法线的另一侧入射，观测 546.1 nm 黄绿光的 1 阶衍射谱线，重复上面步骤找到另一个最小偏向角，记为 G_{mini2}；

计算 $G_{mini1}-G_{mini2}$，最后得到光栅条纹间距：

$a=$________

注意 a 的单位。

4.3.4 光栅光谱仪的搭建和标定

操作

在波长为 546.1 nm 黄绿光 1 级衍射的最小偏向角位置，旋紧载物台、平行光管的固定螺钉；读出望远镜位置 $G(\lambda)$ 并记录在表 4－4 中。

移动望远镜，分别读出其他 1 级衍射亮谱线的位置，并在表 4－4 中记录 $G(\lambda)$。

表 4－4 汞镉光源的光栅光谱仪校准数据

汞，颜色										
镉，颜色										
波长 (nm)										
$G(\lambda)$										

处理

根据表 4－4 数据，在图 4－6 坐标纸上标出不同谱线波长-位置坐标，用光滑的曲线连接表中各点，得到光栅光谱仪标定曲线（需要小心地标注出所用的单位）。

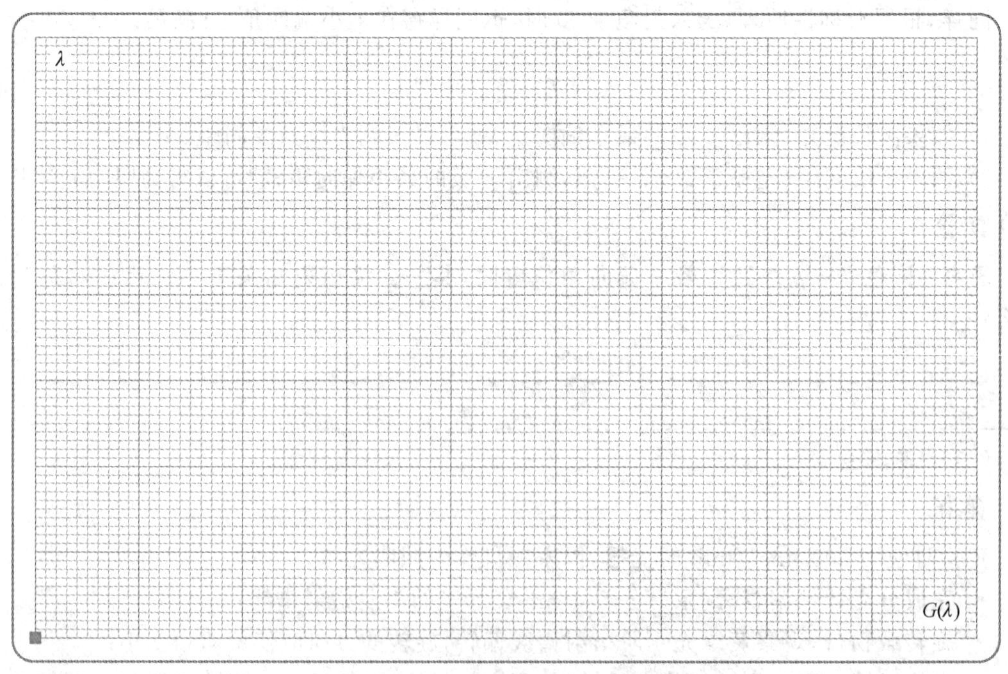

图 4－6 光栅光谱仪标定曲线图

4.3.5　钠灯光谱的测量

将汞镉灯换成钠灯，注意不要移动其余的设备。

操作

(1) 在钠灯的谱线中找出其中一些比较明亮的谱线，并将其位置 G_λ 记录在表 4-5 中；

(2) 根据上面绘出的光栅光谱仪的校准曲线，确定这些钠灯谱线对应的波长；

(3) 钠灯谱线的理论值如表 4-6 所列，请将测得的钠灯波长与理论值比较。

表 4-5　利用光栅光谱仪测量钠灯谱线

钠，颜色										
G_λ										
波长 (nm)										

表 4-6　钠灯的光谱线

光源	颜色	波长 λ(nm)	强度
钠	红	615.7	强
	黄	589.6～589.0	强双线
	黄绿	568.8～568.3	强双线
	绿	515.2	强
	蓝绿	498.1	强
	蓝紫	475.0	极弱
	紫	466.7	强

讨论

思考：

1) 为什么要将波长为 546.1 nm 黄绿光 1 级衍射的最小偏向角位置，作为光栅光谱仪的参考位置？

____

____

2) 如果入射光以垂直于光栅的方向入射，同样利用汞镉灯的 1 级谱线标定光栅光谱仪，与实验时使用的最小偏向角法，有何差异？

____

____

4.3.6　光栅光谱仪的分辨能力

相关理论

与棱镜类似，光栅的角色散率表示波长差为 dλ 的两个波长的光线，在空间被光栅分开的

角距离的大小。设光栅已定,入射角不变,对光栅方程微分,得到

$$a\cos\theta \mathrm{d}\theta = p\mathrm{d}\lambda$$

$$\frac{\mathrm{d}\theta}{\mathrm{d}\lambda} = \frac{p}{a\cos\theta} \tag{4.11}$$

即光栅的角色散率公式。由此式可见:

1)光栅的角色散率与光栅常数 a 成反比;

2)光栅的角色散率与光谱级次成正比;

3)光栅角色散率与衍射角的余弦成反比,改变入射角以增大衍射角时,也可增大角色散率。

操作

实验中始终使用 600 lines/ mm 的光栅和汞蒸汽灯。

观察汞灯的一阶黄色双线。

(1)测量对应一阶谱线的角色散率 $\mathrm{d}\theta/\mathrm{d}\lambda$

____

观察汞灯的一阶紫色双线。它们是分开的吗?为什么?

____

____

讨论

(2)推导出光栅分光计在一阶的分辨能力 $R=\lambda/\Delta\lambda$。

____

____

处理

(3)尝试利用 200 lines/ mm 的光栅,通过改变透光狭缝的大小和谱线阶数来分辨出黄色双线。观察高阶谱线的重叠现象。

____

____

4.3.7 观察节能灯的光谱

操作

将照明光源换成节能灯,利用光栅光谱仪观察其光谱,测量不同谱线对应的波长,并分析节能灯发光特点。

____

____

____

____

4.4　利用白光干涉法测量透明薄膜的厚度(探究实验)

4.4.1　透明薄膜的白光干涉

相关理论

当一束自然光入射到一块透明板上时，它在板的两面上将发生多次反射，结果有一系列光束由板的每边射出，振幅一个比一个小。

如图 4-7(a)所示，设光由折射率 n_1 的介质入射到折射率为 n_2 的透明板，其反射率 R 和透射率 T 分别为

$$R_s=\frac{\sin^2(\theta_1-\theta_2)}{\sin^2(\theta_1+\theta_2)} \tag{4.12}$$

$$R_p=\frac{\tan^2(\theta_1-\theta_2)}{\tan^2(\theta_1+\theta_2)} \tag{4.13}$$

$$T_s=\frac{\sin 2\theta_1 \sin 2\theta_2}{\sin^2(\theta_1+\theta_2)} \tag{4.14}$$

$$T_p=\frac{\sin 2\theta_1 \sin 2\theta_2}{\sin^2(\theta_1+\theta_2)\cos^2(\theta_1-\theta_2)} \tag{4.15}$$

式中，θ_1、θ_2 分别为入射角和折射角，R_s、R_p、T_s、T_p 分别为垂直于入射面振动的分量(s 分量)和平行于入射面振动的分量(p 分量)的反射率和透射率。当光由空气入射到玻璃，设空气折射率 $n_1=1$，玻璃折射率 $n_2=1.52$，其反射率随入射角变化曲线如图 4-7(c)所示；当光由玻璃入射到空气，其反射率随入射角变化曲线如图 4-7(d)所示。

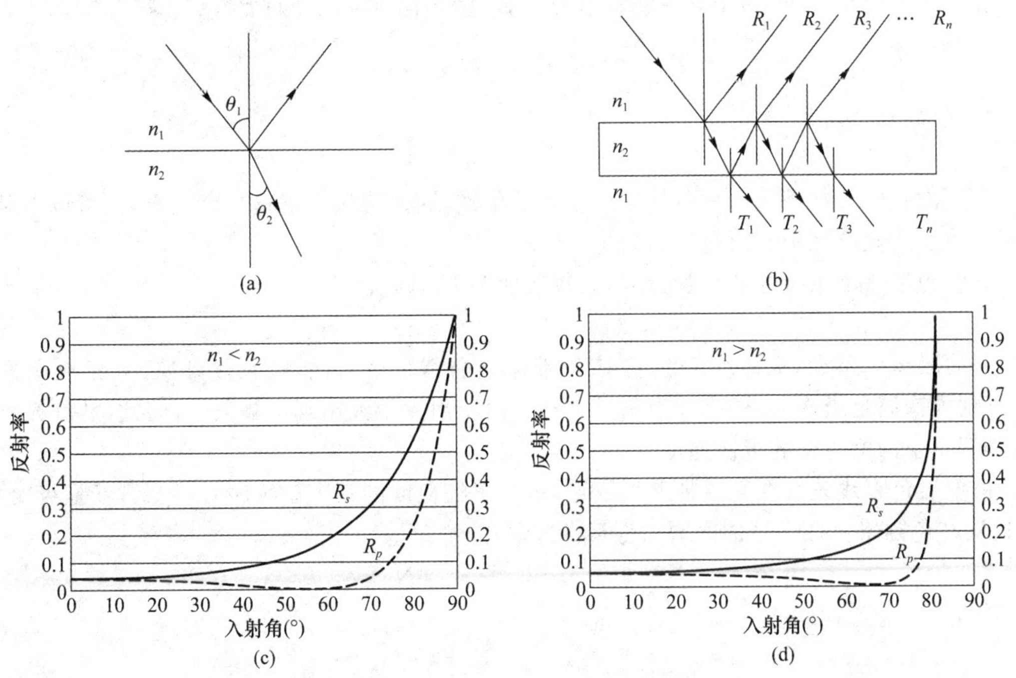

图 4-7　光在不同折射率界面的反射和透射

在正入射时,有

$$R_s=R_p=\left(\frac{n_2-n_1}{n_2+n_1}\right)^2 \tag{4.16}$$

相应有

$$T_s=T_p=\frac{4n_2n_1}{(n_2+n_1)^2} \tag{4.17}$$

由图 4-7(c)(d)可知,在入射角较小情况下,其反射率与正入射时相近,因此其反射率可以用正入射的反射率进行计算;同样根据能量守恒定律,其透射率可以用正入射的透射率进行计算。

处理

设空气折射率 $n_1=1$,透明薄膜折射率 $n_2=1.5$,请计算图 4-7(b)中反射光 R_1,R_2 和 R_3 的值,并说明只有前两级反射光才足以观察到干涉现象。

____

____

____

____

相关理论

设薄膜厚度为 e,折射率为 n,当入射角 θ_1 足够小时,折射角 θ_2 也很小,在反射面出射的前两级反射光的光程差为

$$\delta=2ne\cos\theta_2+\frac{\lambda}{2}\cong 2ne+\frac{\lambda}{2} \tag{4.18}$$

在白光入射情况下,对于某一波长组分 λ_k,产生相消干涉的条件是

$$\delta=\left(k+\frac{1}{2}\right)\lambda_k,\quad k=0,1,2,\cdots$$

由式(4.18)可得

$$k\lambda_k=2ne \tag{4.19}$$

不同波长组分在满足上式条件下产生相消干涉,因此通过光谱仪观察反射光,可以看到红色到紫色连续光谱区中有黑色沟槽条带,如图 4-8 所示。

设红色区一个条带处的波长为 λ_r,条纹级次为 k_m,则有

$$k_m\lambda_r=2ne,\qquad k\in i$$

若薄膜厚度不变,n、e 为常数,在该条带左侧靠紫色区方向,波长逐渐减小,条纹级次增大,直到再次满足级次为整数,即为 k_m+1 时。由于消光干涉出现沟槽条带,因此,从红光到紫光区域,每个沟槽条带的级次递增。

根据黑色直线条纹在光谱带上的位置,将位于红色区的某个条纹序号(注意,不是级次)记为 1,从红色到紫色区序号依次增加直至 N_e,则有

$$2ne=k_1\lambda_1=(1+k_1)\lambda_2=\cdots=(N_e-1+k_1)\lambda_{Ne}$$

令 $k_1=1+k_0$,有

$$2ne=(1+k_0)\lambda_1=(2+k_0)\lambda_2=\cdots$$

因此可以表述为

$$2ne=(p+k_0)\lambda_p,p=1,2,3\cdots$$

由此得到

$$p=2ne\sigma_p-k_0 \tag{4.20}$$

式中$\sigma_p=1/\lambda_p$，与 p 成线性关系，作 $p-\sigma_p$ 关系图，如图 4-9 所示，由其斜率可以得到薄膜的光学厚度 ne。若折射率已知，则可以得到薄膜的厚度。

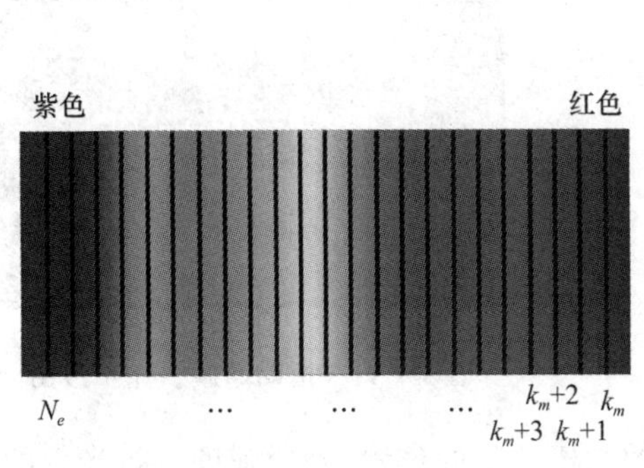

图 4-8　沟槽干涉条带

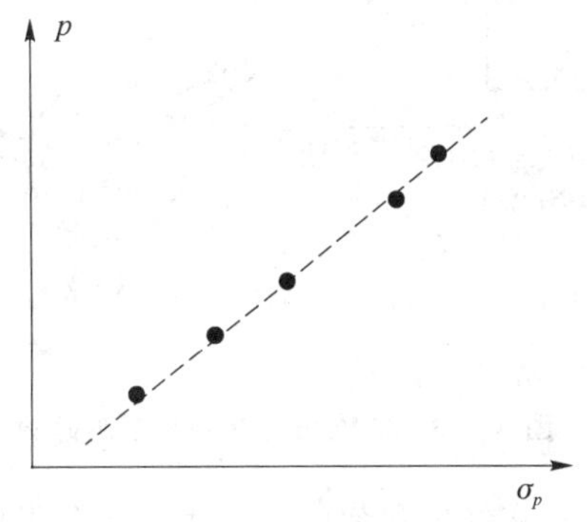

图 4-9　$p-\sigma_p$ 关系曲线

4.4.2　利用搭建的光谱仪观察条带状干涉谱线

(1) 根据实验室给出的薄膜相关参数，估算在红色和紫色区域之间可以观察到的黑色条带个数：

对于可见光，$\lambda_{min}\approx 400$ nm，$\lambda_{max}\approx 800$ nm $\approx 2\lambda_{min}$，对于给定薄膜，有

$$k_M=\frac{2ne}{\lambda_{min}},\quad k_m=\frac{2ne}{\lambda_{max}},\quad k_M>k_m$$

式中，k_M和k_m分别为最小和最大波长处的条纹级次，由此可以估算得到在可见光范围内可以观察到的黑色条带数量。

对于实验室给定的薄膜，可以观察到大约有：________黑色条带。

讨论

思考：k_M和k_m一定是整数吗？如果不是，该如何估算？

____

____

问题：为什么需要将光谱仪（分光计）的狭缝宽度减到最小？

____

____

操作

(2) 用光谱仪观察透明塑料薄膜的干涉谱沟槽条带，测量条带位置

在校准棱镜光谱仪后，保持分光仪各部件相对位置不变；撤掉光谱灯，按图 4-10 搭建光路，观察透明塑料薄膜的干涉谱沟槽条带。

调节过程需要技巧和耐心。为能观察到沟槽干涉条带，注意照明光源与薄膜之间的距离

保持在 10～20 cm 左右，入射角小于 10 度，仔细调节光源、薄膜和光谱仪位置，以及平行光管狭缝宽度，直到能观察到清晰的条带，如图 4-11 所示。

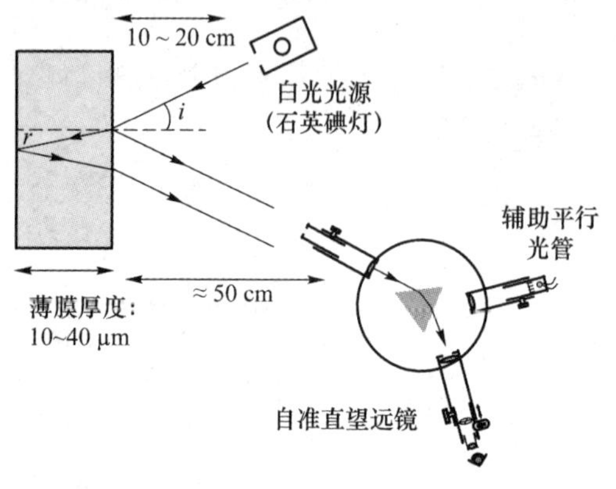

图 4-10　棱镜光谱仪测量透明薄膜厚度

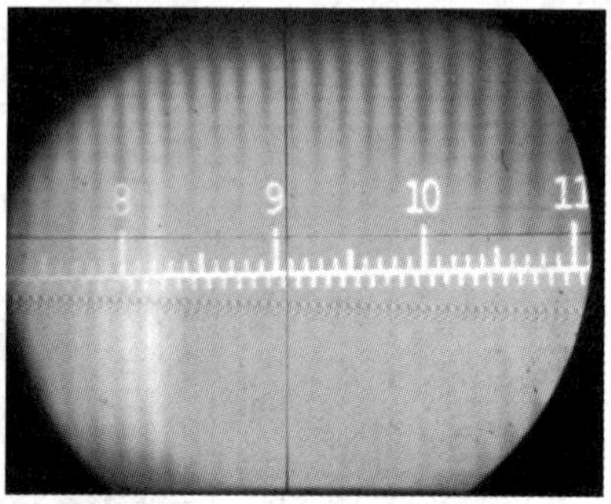

图 4-11　透明薄膜白光干涉图

要求在红色和紫色之间找到十个明显可见的沟槽条带的位置，利用辅助平行光管的标尺，在表 4-7 中写下相应的位置值：

表 4-7　利用棱镜光谱仪测量沟槽条带

	红色											紫色
序号 N_i(塑料薄膜)	1	2	3	4	5	6	7	8	9	10	11	12
G_λ												
λ(nm)												
$1/\lambda$												

4.4.3　计算待测薄膜的光学厚度

处理

(1) 画曲线

在图 4-12 坐标纸上，作条带序号与波数关系图，其中 N 作为纵坐标，$x=1/\lambda$ 作为横坐标，精确标注单位和刻度。

(2) 计算待测薄膜的厚度

为简化计算，实验中设折射率近似为常数(与波长无关)，$n=1.5$，光线正入射到薄膜，请计算待测薄膜的厚度：

____

____

结果：[e]=(________±____) μm。

4.4.4　误差分析

小入射角情况下前两级反射光之间的光程差。

如图 4-13 所示，设薄膜厚度为 e，折射率为 n，入射角 θ_1，折射角 θ_2，反射光 R_1 与 R_2 之间的光程差为

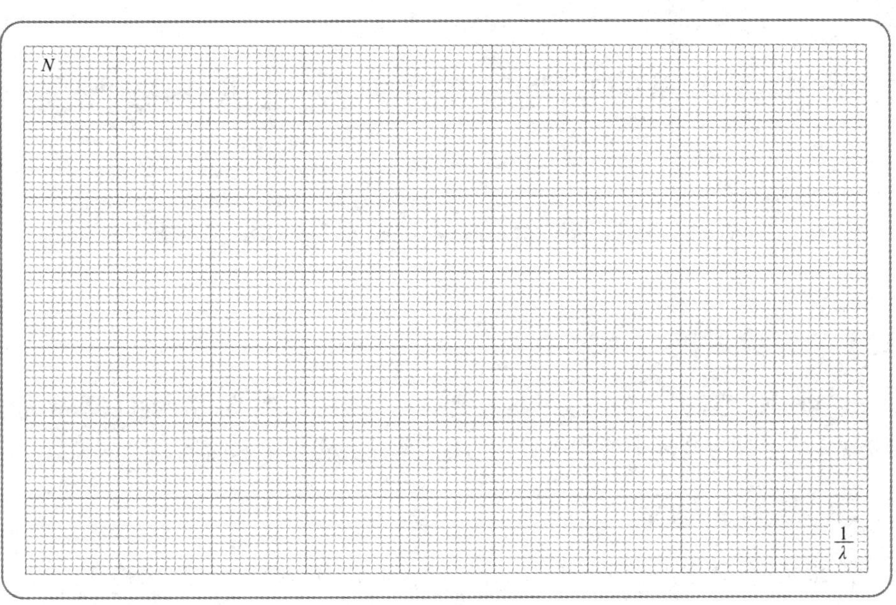

图 4-12　条带序号与波数关系图

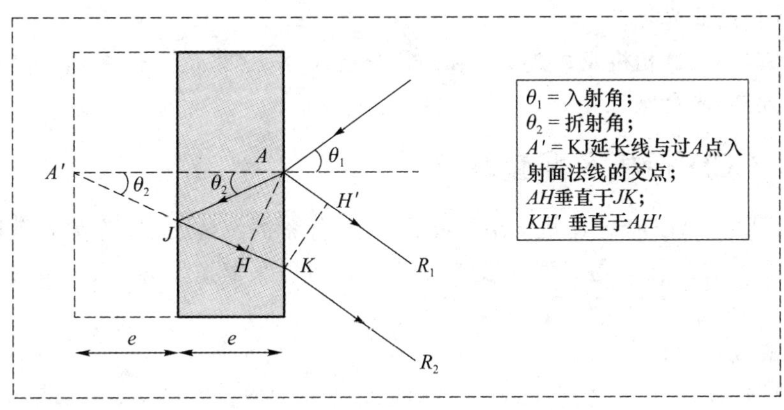

图 4-13　前两级反射光之间的光程差

对于 $n=1.5$，计算入射角 $\theta_1=10°$ 和 $\theta_1=0°$时，光程差的差异：

结论：

第5章　光的干涉和衍射及光盘参数测量

5.1　实验目的与主要实验器材

5.1.1　实验目的

光的干涉和衍射现象是光的波动性的重要表现。通过本实验，学生可以掌握光学器件基本的调节方法，学习分析光屏上所成图像的方法，掌握空间相干和时间相干的概念。

5.1.2　主要实验器材

① 光源：激光器(绿色：$\lambda=532$ nm，红色：$\lambda=650$ nm)，汞灯，钠灯，碘钨灯；
② 凸透镜(焦距为 20 cm)；
③ 不同的衍射器件（单孔，单缝，双孔，双缝，光栅，光盘)；
④ 不同颜色的滤光片；
⑤ CALIENS CCD 相机及数据采集和图样分析软件；
⑥ 导轨、光屏、光具座等。

5.1.3　CCD 相机及配套软件

实验中所用的 CALIENS 相机采用具有 2048 个像素的线阵 CCD 作为光敏器件，传感器长度 30 mm，通过 USB 接口与计算机相连，配套软件可以采集光强信号并对其进行分析，如图 5-1(a)、5-1(b)所示。

(1) 光强衰减器

CCD 传感器的灵敏度非常高，照射到传感器的光通常需要通过衰减装置降低光强以防止饱和，常用减光镜或起偏/检偏组合镜来实现衰减功能。

本实验使用的减光镜的减光倍率为千分之一，如图 5-1(c)所示。

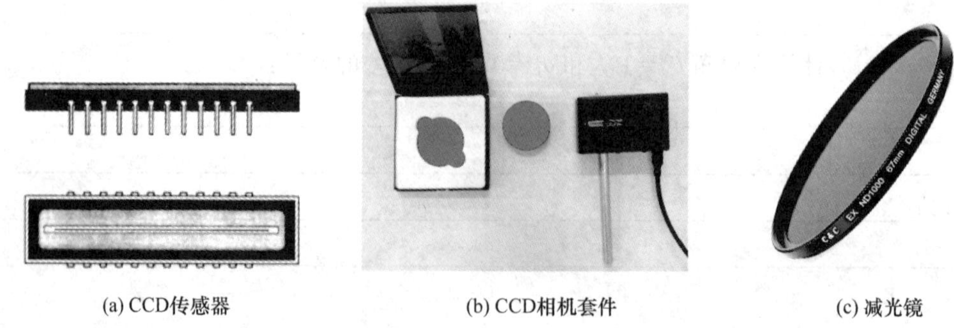

(a) CCD传感器　(b) CCD相机套件　(c) 减光镜

图 5-1　CALIENS CCD 相机与减光镜

(2) 配套软件

CALIENS CCD 相机的配套软件具备以下功能：

1) 图像捕获：在屏幕显示 CCD 传感器捕获的图像，以及光强度随横坐标变化的曲线，如图 5-2 所示。

- 图像采集时，可以选择单次或连续采集方式捕获图像；
- 在 parameters 菜单中打开 Acquisition parameters 菜单项，可以控制曝光量，还可以对曲线进行平滑滤波。

2) 参数测量：可以测量曲线上各点的坐标值；可以把曲线导出并生成 Excel 数据表。

3) 干涉/衍射曲线的仿真：在 parameters 菜单中打开 Simulation parameters 窗口，可以模拟单缝、双缝、多缝等衍射/干涉图像光强分布曲线。

通过改变衍射/干涉屏(如缝宽、缝间距、缝数量等)、衍射/干涉屏与观察屏间距以及入射光波长等参数，模拟光通过物屏后所产生干涉/衍射图像的光强分布，不仅可以帮助理解理论知识，同时还可以通过模拟光强曲线与实际光强曲线的比对，推算得到实验中的待测参数。软件界面如图 5-3 所示。

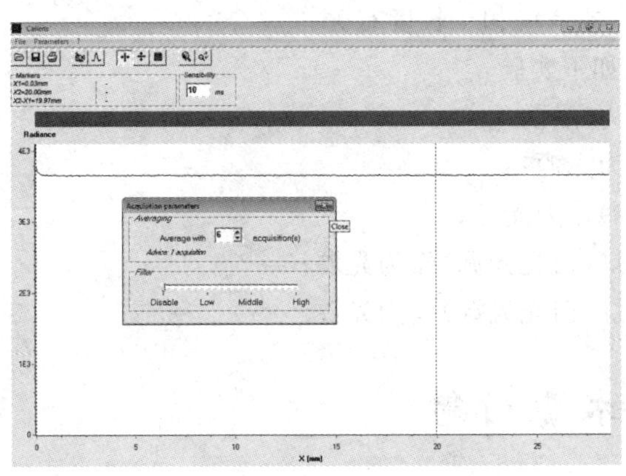

图 5-2　CCD 图像捕获及光强变化曲线

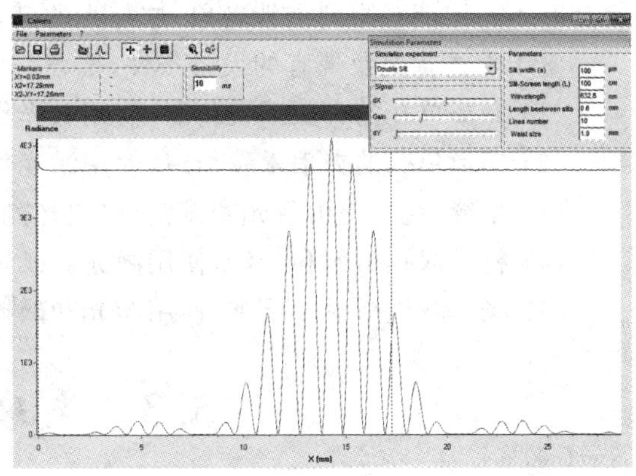

图 5-3　CCD 干涉/衍射曲线的仿真图样

5.2　理论回顾

相关理论

5.2.1　光的波动特性

可见光的波长约为几百纳米，对应的频率数量级为 10^{14} Hz。如果我们想要观察一秒钟的有关光的现象，就需要观察大于 10^{14} 个周期的光波。这是一个庞大的数字，如果我们听音乐(频率约 10 kHz)时想听到如此多的周期，那将需要 10^{10} 秒，也就是 300 多年。

任何检测器都不能反映出光如此快的振幅变化。因此，只能采用光强传感器，通过强度变化研究光波的相关现象。不同类型传感器对光强变化的响应时间不同：眼睛，反应时间在 1/10 秒和 1/20 秒之间；光敏电阻，反应时间约为千分之一秒；那么光电二极管的反应时间为多少呢？如果大家知道光端机中采用了光电二极管实现光电信号转换，就可以了解它的数量级。

5.2.2 相干光源

两束光叠加后能产生稳定干涉图像的条件(相干条件)为:频率相同,振动方向相同,有固定的相位差。

频率完全相同的两束理想的单色光很难得到,因为各类光源包括激光器,发出的光都有一定的谱宽度。如果想要观察到明显的干涉现象,需要采取适当的方案:选取合适的光源,采用合理的分光方法获得相干光。

• 在几何尺度上:使用小孔、狭缝等尺度非常小的器件。在这种状况下,将不可避免地同时观察到衍射和干涉现象。

• 在光谱宽度上:先选择光谱宽度非常小的光源,如激光(激光的相干长度可达到数米以上),之后再使用单色性不是很好的汞蒸汽灯和钠灯,最后使用诸如碘钨灯之类的白光光源。

• 最后,用不同的分一级光源的方法得到二级光源:分波阵面法(如杨氏双孔、杨氏双缝、菲涅耳双棱镜等)或者分振幅法(如迈克尔逊干涉仪、牛顿环等)。这两种方法都能把同一个原子同一次能级跃迁发的光分成两束,以满足相干条件。当然,如果两束光的光程差太大,叠加时不一定能观察到干涉现象,这与光的谱宽,或者说相干长度有关。

鉴于上述状况及现有的设备条件,推荐完成如下实验:

(1) 圆形单孔的夫琅禾费衍射,使用激光作为光源;

(2) 矩形单孔的夫琅禾费衍射,使用激光作为光源;

(3) 单缝衍射,使用激光和碘钨灯(白光光源)作为光源;

(4) 杨氏双孔衍射和干涉,使用激光和碘钨灯(白光光源)作为光源;

(5) 杨氏双缝衍射和干涉,使用激光和碘钨灯(白光光源)作为光源。

5.3 夫琅禾费衍射

衍射系统由光源、衍射屏和接收屏组成。通常按他们相互间距离的大小将衍射分为两类,一类是光源和接收屏(或两者之一)距离衍射屏有限远,这类衍射叫作菲涅耳衍射,另一类是光源和接收屏都距离衍射屏无限远(或者衍射屏被平行光照明,接收屏与衍射屏之间距离 $D>2e^2/\lambda$, e 为衍射缝宽度,λ 为入射光波长),这类衍射叫作夫琅禾费衍射。

两种衍射的区分是从理论计算上考虑的,菲涅耳衍射是普遍的,夫琅禾费衍射是它的一个特例。不过由于夫琅禾费衍射的计算简单得多,人们把它单独归成一类进行研究。

5.3.1 圆孔衍射

注意

注意安全:激光束千万不要对着自己和旁人!

完成如图 5-4 所示光路的搭建。小孔组合板衍射屏上有六个不同孔径的小孔,孔径从 20 μm 到 500 μm 不等。

操作

(1) 光路搭建

1) 选择一个小孔，放置激光光源，做等高共轴调整，使激光光束尽可能均匀地通过整个小孔；

2) 接收屏的选择：可以使用不透明的屏(从旁边或前方观察)，也可以选用半透明的屏(从屏的后面观察)；

3) 分别用不同的衍射孔，观察激光通过小孔后的干涉图像，要求图像具有较好的对比度。

(2) 光路分析

本实验中，激光器可以出射一束近乎平行的光，且光束直径很小；接收屏放置在距离衍射孔约 1～2 米的地方。

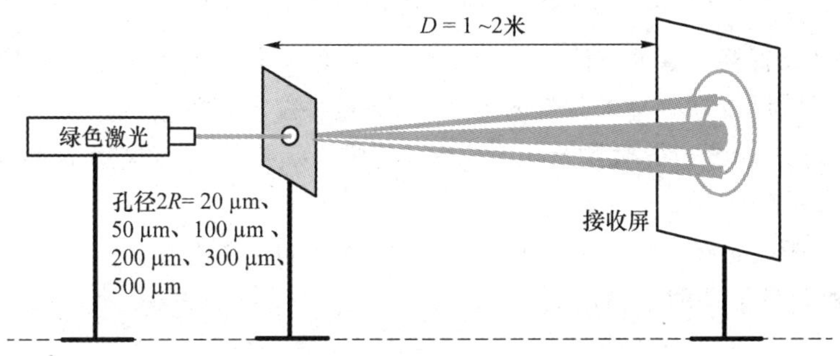

图 5 - 4　夫琅禾费圆孔衍射装置图

如果选择衍射孔径 $2R$ 为 100 μm，距离 $D=1$ m，$D \gg R$，这样衍射孔边缘和中心发出的光线到接收屏的光程差近似为 $R\times(R/D)=(0.5\times10^{-4})^2/1=2.5\times10^{-9}$ m；实验中使用的激光波长 $\lambda=532\times10^{-9}$ m，是前者的 200 倍左右，很好地符合无穷远处衍射的条件。所以尽管没有使用透镜，这仍然是一个很好的夫琅禾费衍射(也就是说衍射发生在无穷远处)。

相关理论

圆孔衍射的光强分布公式为

$$I(\theta)=I_0\left[\frac{2J_1(m)}{m}\right]^2,\quad m=\frac{2\pi R}{\lambda}\sin\theta \tag{5.1}$$

式中，J_1 为一阶贝塞尔函数，θ 为衍射角，I_0 是中心强度。

其极大值和极小值的位置和强度分布如表 5 - 1 所列。

表 5 - 1　夫琅禾费圆孔衍射强度分布函数的极大值和零点

$\|m\|$	0	1.220π	1.635π	2.233π	2.679π	3.238π	…
$[2J_1(m)/m]^2$	1	0	0.0175	0	0.0042	0	…

图 5 - 5 是圆孔夫琅禾费衍射图样及光强分布。

操作

(3) 手工测量

先使用直尺等工具手工测量衍射图像的大小，然后再用 CCD 相机进行测量。

观察衍射图样，即一系列的光环和中间的一个环形光斑(艾里光斑)，做如下测量：

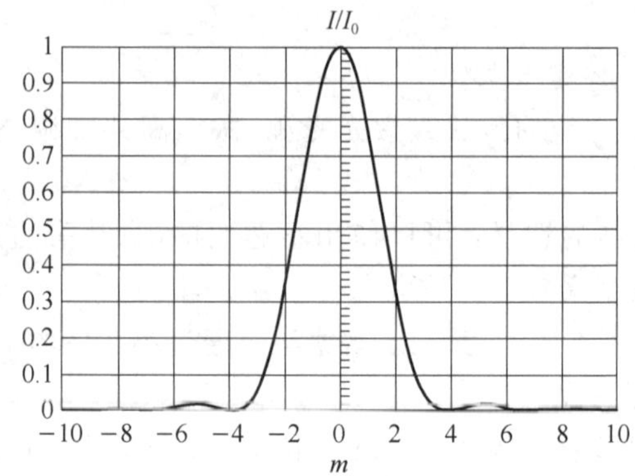

图 5－5 圆孔夫琅禾费衍射图样及光强分布

1）使用卷尺或直接读取光具座在导轨上的刻度，测量衍射孔到接收屏的距离 D。

2）使用游标卡尺或者有毫米刻度的刻度纸，测量各个光环的直径。

3）测量孔径 $2R$。由于衍射孔的孔径非常小，不容易测量，可以使用下面两种方法：

- 用读数显微镜测量；
- 用已知焦距的透镜，把衍射孔成像放大在光屏上进行测量。

4)评估每种测量结果的不确定度。

处理

(4) 衍射图分析

徒手描绘衍射图样：

1）制作一个包含各种测量值的表格，同时包含相应的不确定度。

2）利用如下关系计算艾里光斑的直径：

$$d=\frac{1.22\lambda}{2R}\times D \tag{5.2}$$

3）根据单孔衍射理论验证这个结论。

你的测量结果和理论计算的结果一致吗？

讨论

思考：衍射孔的孔径由小到大变化时，衍射图样怎么变化？由此可以得出什么结论？

操作

(5) 使用 CCD 相机记录小孔衍射图样并分析

调整 CCD 相机的灵敏度，完成以下两个测量：

1）记录衍射图样；

2）沿着圆形衍射光斑的直径测量光强，准确记录中心光斑的光强；

3）提高灵敏度，记录次级光环的光强度(注意此时中心光强有可能饱和)。

思考：

1）重新测量得到的艾里光斑的直径，结果仍然支持课本上的理论吗？这与刚才的结论兼容吗？

____

____

____

2）提高灵敏度后，测量得到的第一圈光环的最大光强是多少？这与理论值（中心光强最大值的 1.75%）相符吗？

____

____

____

5.3.2　单缝衍射

相关理论

单缝衍射的光强分布如图 5-6 所示，公式为

$$I=I_0\left(\frac{\sin\alpha}{\alpha}\right)^2,\quad \alpha=\frac{\pi h\sin\theta}{\lambda} \tag{5.3}$$

式中，h 为缝宽，θ 为衍射角，I_0 是中心强度。

其极大值和极小值的位置和强度分布如表 5-2 所列。

表 5-2　夫琅禾费单缝衍射强度分布函数的极大值和零点

$\lvert\alpha\rvert$	0	π	1.43π	2π	2.46π	3π	…
$[\sin\alpha/\alpha]^2$	1	0	0.047	0	0.017	0	…

以相邻暗纹的角距离作为其亮斑的角宽度，零级亮斑在 $\theta=\pm\lambda/h$ 之间，它的半角宽度：

$$\Delta\theta=\frac{\lambda}{h}$$

即为其他亮斑的角宽度。

如果衍射屏离接收屏的距离为 D 且远大于 h，则光斑宽度（两个第一级暗纹之间的距离）为 $\Delta x=2\lambda D/h$。

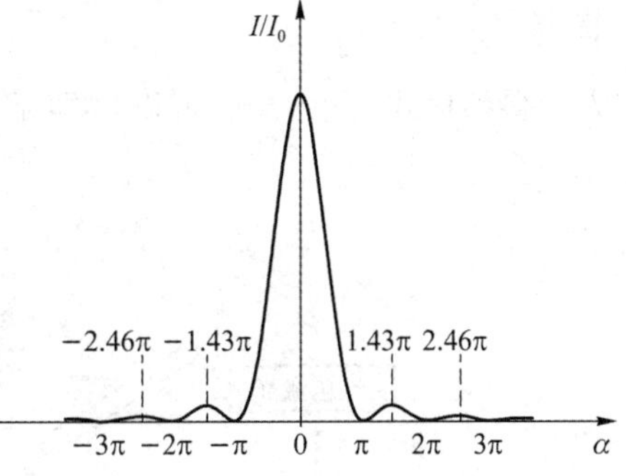

图 5-6　单缝衍射光强分布图

（1）装置和观察要求

操作

为了节省时间，我们直接使用各个器件的标称参数：单缝的宽度分别为 20 μm，40 μm，70 μm和 100 μm。

使用激光作为光源，参照圆孔衍射光路，观察单缝衍射图像，记录并分析激光入射到各个单缝后发生衍射所得到的图样。

讨论

思考:

1) 当单缝宽度变化时,衍射图样的宽度如何变化?这与理论是否相符?

2) 单缝的放置方向由竖直变为水平方向时,衍射图样如何变化?

操作

(2) 选择一个单缝,采用不同的方法对衍射图样进行测量

1) 简单的手工测量;

2) 用 CCD 相机记录衍射图样和相应的光强曲线。

讨论

思考:

1) 测量中心光斑的宽度,结果支持单缝的衍射理论吗?

2) 提高灵敏度后测量得到的第一级光斑的最大光强是多少?这与理论值(中心光强最大值的 4.7%)相符吗?

(3) 用平行于单缝的毯式光束照射衍射单缝

操作

为了得到毯式光束,我们可以借助于一个垂直于单缝放置的柱形透镜把激光束放大,如图 5-7 所示。

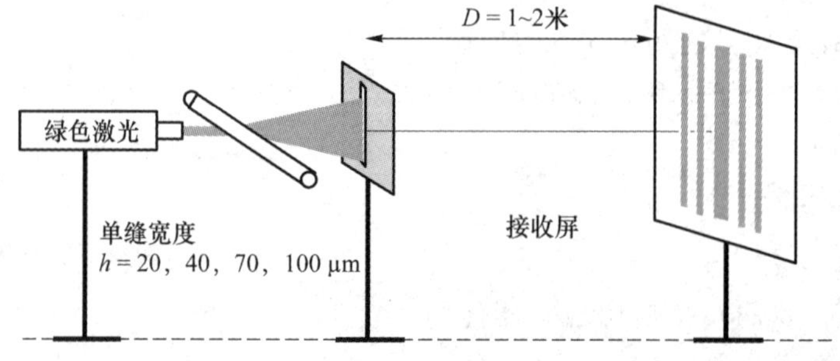

图 5-7 毯式光束单缝衍射装置图

观察衍射条纹:

1）与前面的情况相比，单缝衍射图样最本质的区别是什么？解释这种现象。

2）比较中心条纹和两侧条纹的宽度和光强。

3）衍射条纹都是什么方向的？它们的宽度与之前未使用毯式光束时得到的衍射条纹相比，有什么变化吗？

处理

4）描绘衍射图样。

5.3.3　矩形孔衍射

相关理论

矩形孔衍射的光强分布公式为

$$I=I_0\left(\frac{\sin\alpha}{\alpha}\right)^2\left(\frac{\sin\beta}{\beta}\right)^2,\quad \alpha=\frac{\pi h\sin\theta_x}{\lambda},\beta=\frac{\pi H\sin\theta_y}{\lambda} \tag{5.4}$$

式中，h 为矩形孔 x 方向宽度，H 为 y 方向宽度，θ_x 和 θ_y 分别为 x 和 y 方向的衍射角，I_0 是中心强度，如图 5－8 所示。

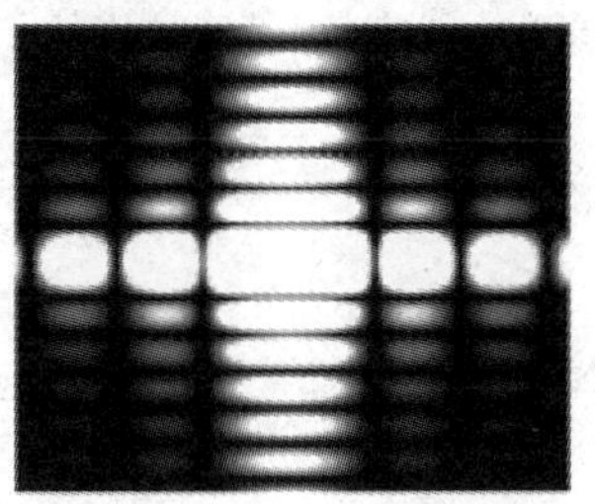

图 5－8　矩形单孔的衍射图样和衍射光强分布

讨论

思考：

① 矩形孔与单缝的衍射图像有何差异？

② 矩形孔的光强分布公式与单缝的有何相似之处？

(1) 观察矩形单孔的夫琅禾费衍射现象

操作

搭建如图 5-9 光路图,观察矩形单孔的夫琅禾费衍射。

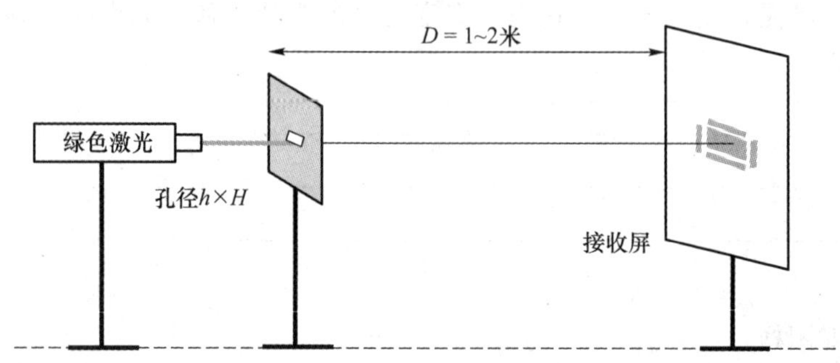

图 5-9 夫琅禾费矩形孔衍射装置图

衍射孔是长和宽分别为 h(沿 Ox 方向)和 H(沿 Oy 方向)的矩形。由矩形孔的光强分布公式可知,衍射中心的光斑尺度:

$$\Delta x=\frac{2\lambda D}{h},\quad \Delta y=\frac{2\lambda D}{H}$$

特殊情况,衍射孔为一方形孔,即长和宽相等,均为 h,则衍射中心的光斑尺度:

$$\Delta x=\Delta y=\frac{2\lambda D}{h}$$

为了节省时间,我们直接使用各个器件的标称参数,观察不同矩形孔的衍射图像。

(2) 测量并验证衍射理论

选择一个矩形孔,采用不同的方法对衍射图样进行测量:

1) 简单的手工测量;

2) 用 CCD 相机记录衍射图样和相应的光强曲线。

讨论

思考:

1) 测量中心光斑的尺寸,结果支持矩形孔的衍射理论吗?

2) 提高灵敏度后,测量得到的 x 和 y 方向第一级光斑的最大光强是多少?它们的理论值分别应该是多少?实验结果与理论值相符吗?

5.4　杨氏双孔及双缝干涉

5.4.1　双孔干涉

相关理论

设两个小孔 S_1 和 S_2 的孔径相同，照射到两个小孔的光强相同，如果不考虑小孔的衍射效应，则光通过双孔后在观察屏上的光强分布为：

$$I=4\ I_0\ \cos^2\left(\frac{\pi d}{\lambda D}x\right) \tag{5.5}$$

式中，d 为两个小孔间距，D 为双孔屏与接收屏之间的距离，如图 5 - 10 所示。相邻条纹间距为：

$$\Delta x=\frac{D}{d}\lambda$$

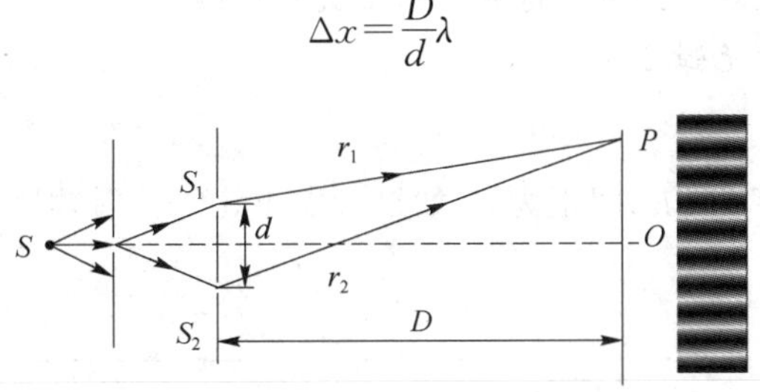

图 5 - 10　杨氏双孔干涉原理图

(1) 观察双孔干涉现象

实验室提供的双孔屏上有三组杨氏双孔对，孔径 $2R=50\ \mu m$，两孔间距 d 分别为 100 μm，200 μm 和 400 μm。

操作

搭建如图 5 - 11 所示装置。注意，激光光束要均匀地照射在两个小孔上。观察由激光照射双孔所产生的干涉现象。

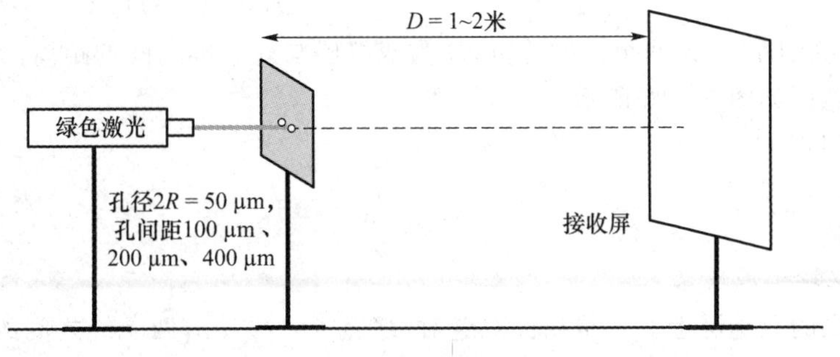

图 5 - 11　双孔干涉装置图

实验时,实际观察到的是图 5-12 所示的干涉和衍射图像。

1) 认真区分干涉图像和衍射图像,观察两种现象的条纹间距。

2) 这个实验与前面单孔衍射实验的本质区别是什么?

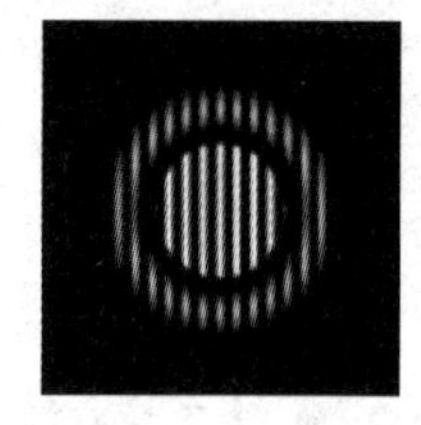

图 5-12 双孔干涉图样

处理

3) 画出光屏上得到的图像的草图。

4) 测量由双孔产生的干涉条纹的间距和由单孔产生的衍射条纹的间距。

5) 增大两个小孔之间的距离,得到的图像如何变化?

6) 使用 CCD 相机记录得到的图像和对应的光强曲线。

(2) 分析双孔干涉的光强分布

讨论

设每个小孔的直径都为 $2R$,间距为 d,如果考虑小孔的衍射效应,本实验中双孔干涉的光强分布应该如何表达?

5.4.2 双缝干涉

相关理论

设两个缝的宽度相同,照射到两个缝的光强相同,则光通过双缝后在接收屏上的光强分布为:

$$I=4I_0\left(\frac{\sin\alpha}{\alpha}\right)^2(\cos\beta)^2,\quad \alpha=\frac{\pi h}{\lambda D}x,\quad \beta=\frac{\pi d}{\lambda D}x \tag{5.6}$$

式中,d 为两个缝间距,h 为两个缝的缝宽,D 为双缝屏与观察屏之间的距离,其干涉图像和光强分布曲线示意图如图 5-13 所示。

相邻条纹间距为:

$$\Delta x=\frac{D}{d}\lambda$$

(1) 观察双缝干涉现象

实验室提供的双缝屏上有三组杨氏双缝对,缝宽 $h=70\ \mu\text{m}$,两条缝之间的距离 d 分别为 $200\ \mu\text{m}$、$300\ \mu\text{m}$ 和 $500\ \mu\text{m}$。

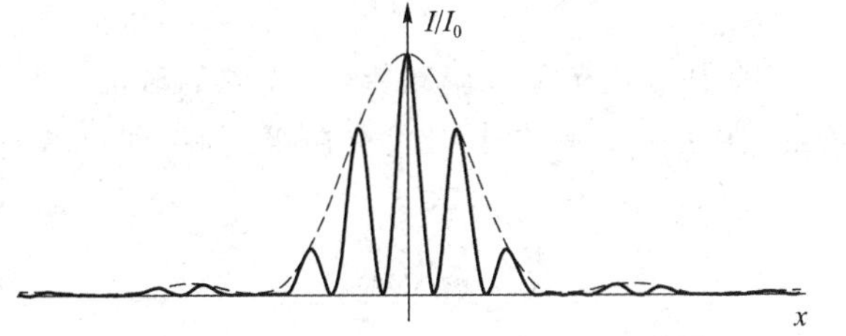

图 5-13　双缝干涉图像和光强分布曲线示意图

操作

搭建如图 5-14 所示装置。注意,激光光束要均匀地照射在两条缝上。观察由激光照射双缝所产生的干涉和衍射现象。

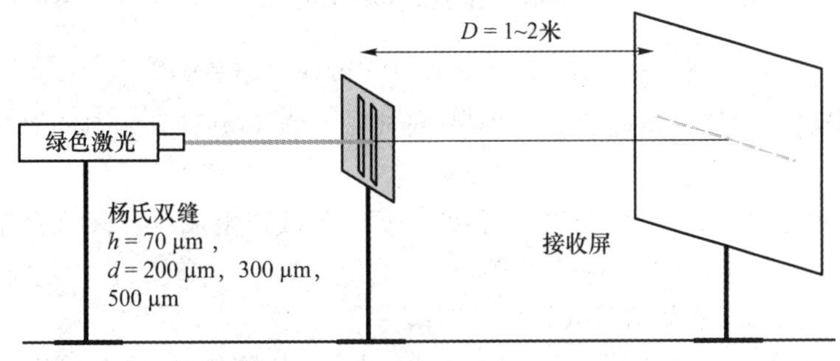

图 5-14　杨氏双缝干涉装置图

1）认真区分干涉图像和衍射图像,观察两种现象的条纹间距。

2）这个实验与前面单缝衍射实验的本质区别是什么？

______

______

______

处理

3）画出光屏上得到的图像的草图。

4）测量由双缝产生的干涉条纹的间距和由单缝产生的衍射条纹的间距。

5）增大两缝之间的距离,得到的图像如何变化?

______

______

______

6）使用 CCD 相机记录得到的图像和对应的光强曲线。

5.4.3　白光照射杨氏双缝

(1) 搭建实验装置

操作

按图 5-15 所示，搭建实验光路。实验中白光光源采用碘钨灯，光源的截面直径较大，而且它不是单色光。为了得到清晰的条纹，在实际的操作中一般选在线光源(即可调宽度的狭缝)的几何成像的位置进行观察。

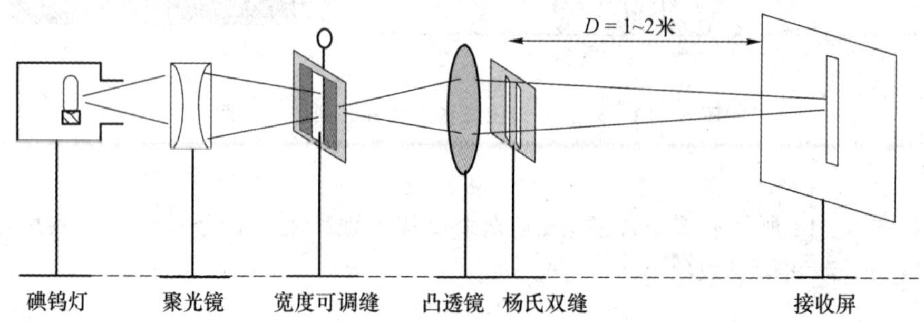

图 5-15　白光作为光源的杨氏双缝干涉装置图

1）先不放置杨氏双缝。正确放置聚光镜，使得光源能很好地照射到可调宽度的缝隙，得到一个线光源。

2）利用焦距大约为 20 cm 的凸透镜，使线光源在接收屏上成像。调整装置使得各个器件等高共轴。

3）在凸透镜的后面，紧靠透镜放置杨氏双缝。

4）先关闭可调宽度的狭缝，但不要过于用力，以免损坏零件，然后逐渐打开狭缝。

(2) 观察干涉条纹

处理

描述看到的现象：

1）干涉中心的条纹是什么颜色的？为什么？

____

____

2）共有多少条条纹？为什么只能看见数目有限的几条条纹？

____

____

3）逐渐增大可调狭缝的宽度，在特定的宽度时会发现，光屏上的条纹模糊了，记录此时的缝隙宽度。

4）继续增大可调狭缝的宽度。当宽度 s 为何值时能够再一次观察到干涉现象？

____

____

5）使用 CCD 相机记录干涉图样和条纹的光强。

(3) 研究白光的相干长度

操作

1）把可调狭缝(一级光源)调至一个很小的宽度 s，根据观察到的条纹数目 N 推导所用白

光的相干长度。

2) 记录第一次观察到干涉条纹对比度为零时的可调狭缝的宽度 s_{max}，计算所用白光的相干长度 L_{spat}。

3) 为了得到一个比较好的对比度，白光的相干长度 L_{spat} 和杨氏双缝之间的缝间距 d 应该满足什么条件?

4) 减小可调狭缝的宽度，直到能够观察到清晰的亮度较好的条纹。紧贴在杨氏双缝的后面加一个滤光片，比如黄光滤光片。可见条纹的数目有什么变化? 请给出解释。

(4) 汞灯照射杨氏双缝

将碘钨灯换成汞灯，重复上面的实验内容，观察现象，并对上文出现的思考题作出解答。

5.5　滤光片中心波长测量

相关理论

在观察完单缝衍射和双缝干涉之后，我们再来考虑有很多条缝的衍射情况，也就是光栅衍射。

光栅是一种具有周期性结构，从而能够等宽、等间隔地分割入射波面的光学元件，通常有透射光栅和反射光栅两种类型，如图 5－16 所示。实验中当光栅被垂直入射的激光照射时，会产生非常明显的光栅衍射现象。

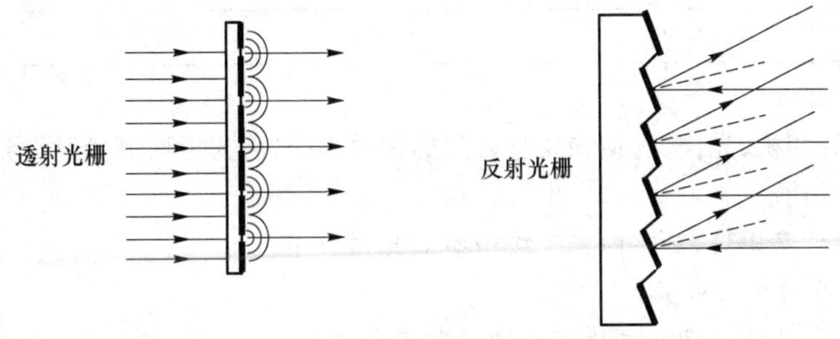

图 5－16　透射光栅和反射光栅

光栅方程为

$$d\sin\theta=k\lambda\quad(k=0,\pm1,\pm2,\cdots)\tag{5.7}$$

式中,d 为光栅常数,即光栅中相邻两条狭缝之间的距离,θ 为衍射角,整数 k 为谱线的级数,λ 为入射光波的波长。

利用光栅衍射现象,可以搭建光栅光谱仪,并测量其他未知光源的光谱。

(1) 搭建光栅光谱仪模型

参照图 5-15 搭建光路,杨氏双缝换成每毫米 300 线的透射光栅。

(2) 利用汞灯校准光谱仪

1) 用汞灯作为照明光源,调节狭缝宽度,通过观察屏可以观看到多级衍射条纹。

2) 在接收屏前面放置一张白纸,我们可以发现白纸上又多了两条蓝/紫色的条带,这是由于白纸含有荧光增白剂,它吸收紫外光后出现的发光现象(荧光现象)。

3) 将 CCD 相机移到合适的位置,使得光栅的一级衍射光谱都能进入 CCD 探测范围。

在衍射光谱中有 5 条亮线,CCD 传感器对其中的 4 条敏感度较高,请在表 5-3 中记录他们的具体位置 x 的坐标。

表 5-3 光栅 1 级衍射汞灯谱线位置

颜色	波长(nm)	位置(mm)
黄色	580	
黄绿	546	
蓝紫	436	
紫	405	

处理

在图 5-17 中(推荐使用 Excel 或其他电子表格软件)画出波长 λ 与位置 x 之间的关系曲线(校正曲线)。

讨论

此关系曲线是一条直线吗?为什么?

____

____

____

____

(3) 观察白光衍射

请保持 CCD 相机、光栅、透镜和狭缝之间的位置不变,因为后面测量时得到的 x 值取决于他们之间的相对位置。

用白光光源代替汞灯,观察白光 1 级衍射的光强分布。

(4) 测量滤光片中心波长

在狭缝后放置待测干涉滤光片。这种干涉滤光片只允许一定带宽的光通过,设滤光片的中心波长为 λ_m,通过 CCD 测得光谱的位置 x_m,由上面的校正曲线可以得到干涉滤光片的中心

波长。

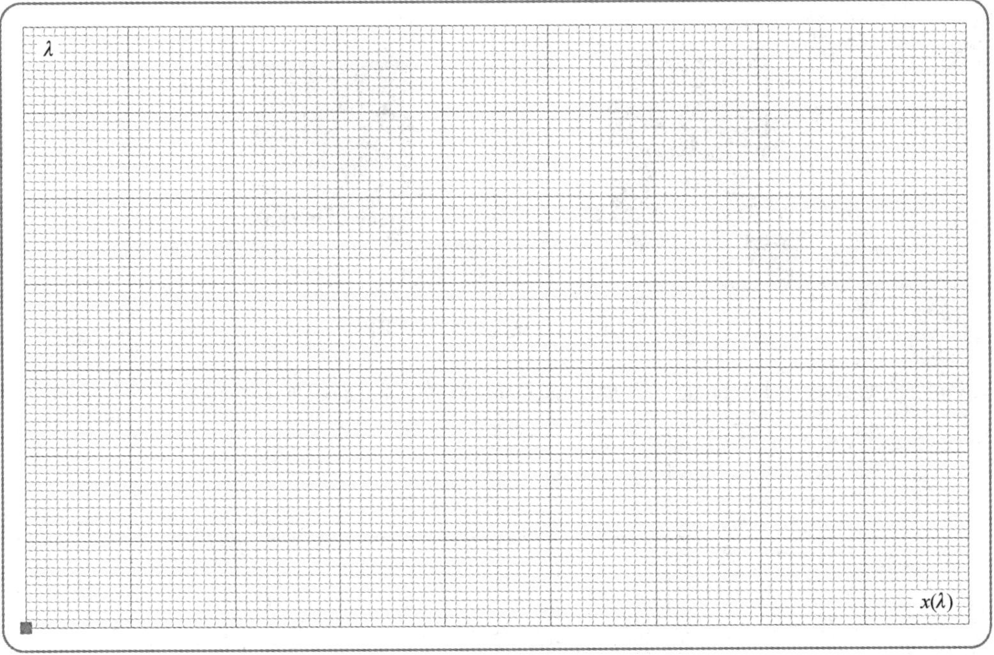

图 5-17　光栅 1 级衍射谱线位置图

如果图 5-17 得到的波长 λ 与位置 x 之间的关系曲线不是直线，如何通过该校正曲线得到滤光片的中心波长 λ_m？

____

____

____

5.6　光盘参数测量

透射光栅的衍射现象，在光栅光谱仪实验中已经观察过，本次实验则需要观察一种反射光栅的衍射现象，并测量其光栅常数。

常见的数据存储工具 CD 盘和 DVD 盘，盘面刻有细密的螺旋形状的轨道，信息数据就是以凹坑和凸区的形式存储在这些轨道上的，如图 5-18 所示。光盘轨道下面的反射层可以将入射激光反射回来，因此光盘是一种反射光栅，轨道间距即为光栅常数。

(1) 搭建装置

按图 5-19 搭建测量装置。

接收屏中心有一个直径约为 3 毫米的圆孔，允许激光光束通过，接收屏面向光盘的一面贴有坐标纸。激光入射到光盘上后，由于光盘的轨道间距与激光波长的长度相当，所以会发生衍射现象，衍射斑点会被反射到接收屏上。调整光盘的角度与高度，使 0 级衍射斑与接收屏上的圆孔重合，此时可以认为激光垂直入射到反射光栅上。

(2) 测量光盘与接收屏之间的距离，以及各级衍射斑与圆孔的距离，可计算衍射角 θ 的大

小,进而通过光栅方程,得到光栅常数 d 的值。

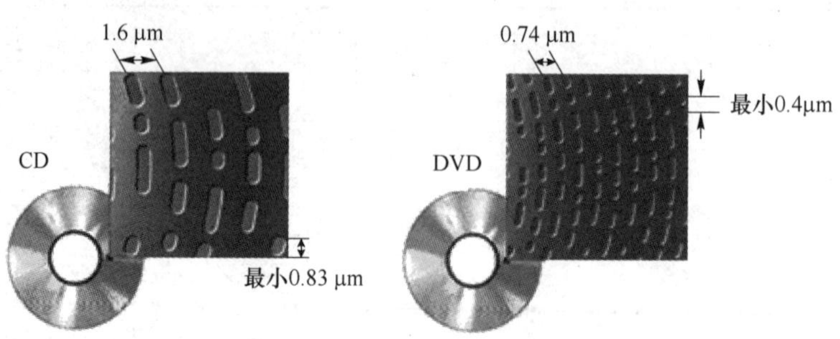

图 5-18 光盘表面放大图[①]

(3) 比较 CD 盘和 DVD 盘光栅常数的大小,思考为何这两种光盘的数据存储容量不同。

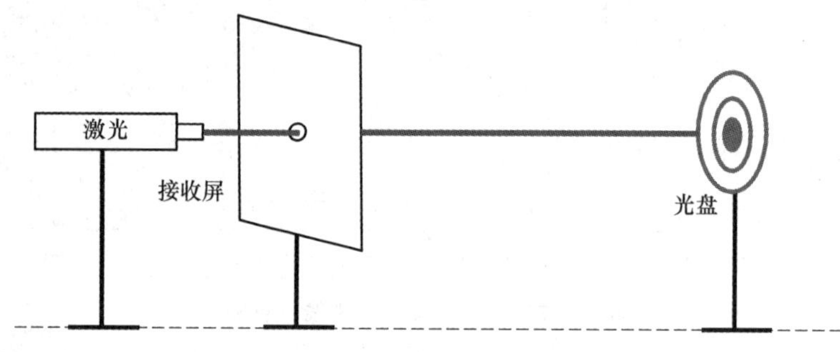

图 5-19 光盘作为衍射光栅的装置图

5.7 手机显示屏的研究(探究实验)

在研究光盘的衍射现象实验中,将光盘换成智能手机,观察激光照射到手机屏上后产生的衍射现象,并据此推算手机显示屏上像素之间的间距。

思考:根据圆孔衍射理论,可以得到光学仪器的最小分辨角为

$$\theta_{min}=\frac{1.22\lambda}{D}$$

式中,λ 为入射光波长,D 为光学仪器的通光孔径。

设手机发出的光的平均波长为 550 nm,人眼瞳孔的直径为 2~8 mm,明视距离为 250 mm,请根据上面的实验结果,分析手机显示屏像素间距是否已经达到人眼的分辨率极限。

① 图片来源:https://referate.mezdata.de/sj2003/cd_thomas-ley/ausarbeitung/dvds.html

第 6 章　光的偏振及云母片快慢轴的测定

光学现象是常见的物理现象，但是它的本质是什么呢？在 18 世纪，许多伟大的科学家，如杨(Young，1773－1829 年)、夫琅禾费(Fraunhoffer，1787－1826 年)、阿拉果(Arago，1786－1853 年)、菲涅尔(Fresnel，1788－1827 年)、马吕斯(Malus，1775－1812 年)等，做出了许多著名的实验，使得人类对光学现象的理解有了决定性的进步，并由此建立了光的波动性理论，之后基于阿拉果的光的偏振实验，证明了光是横波。因为偏振是横波区别于纵波的一个最明显的标志，只有横波才有偏振现象。

鉴于在光和物质的相互作用过程中，主要是电矢量起作用，所以人们常以电矢量的振动方向作为光的振动方向。光的横波性只表明电矢量与光的传播方向垂直，在与传播方向垂直的二维空间里，电矢量还可能有各种形式的振动状态，我们称为光的偏振态。最常见的光的偏振态，大体可分为五种，即自然光、线偏振光、部分偏振光、圆偏振光和椭圆偏振光。

6.1　实验目的与主要实验器材

6.1.1　实验目的

① 观察光的偏振现象；

② 在一些简单情况下分析偏振光的特性；

③ 认识和了解起偏器；

④ 认识和了解二分之一波片和四分之一波片。

6.1.2　主要实验器材

① 起偏器和检偏器(有效孔径为 80 mm)；

② 二分之一波片和四分之一波片；

③ 光强传感器；

④ 焦距为 20 cm 的凸透镜，光学导轨，光具座等；

⑤ 云母片(有效孔径为 18 mm)。

6.2　理论回顾

相关理论

6.2.1　偏振光

(1) 线偏振光

设一束角频率为 ω 的线偏振光沿 OZ 轴以速度 v 传播，其偏振方向为 $\boldsymbol{x}$ 方向，那么其电矢量 $\boldsymbol{E}$ 可以用下面的方程来表示：

$$\boldsymbol{E}=A\cos\left(\omega t-\frac{z}{v}\right)\boldsymbol{e}_x \tag{6.1}$$

式中,A 为电矢量的最大振幅,$\boldsymbol{e}_x$ 为偏振方向上的单位向量。

上式也可以表示为

$$\boldsymbol{E}=A\cos\left(\omega t-kz\right)\boldsymbol{e}_x \tag{6.2}$$

式中,$k=2\pi/\lambda$,其中 λ 是光的波长。

(2) 圆偏振光

沿 OZ 轴以速度 v 传播的圆偏振光,可以看成是两个振幅相同、相互垂直的偏振光的合成:

$$\begin{cases}\boldsymbol{E}_x=A\cos\left(\omega t-kz\right)\boldsymbol{e}_x\\ \boldsymbol{E}_y=A\cos\left(\omega t-kz\pm\dfrac{\pi}{2}\right)\boldsymbol{e}_y\end{cases} \tag{6.3}$$

其合成电矢量可以用下面的方程表示:

$$\boldsymbol{E}=\boldsymbol{E}_x+\boldsymbol{E}_y=A\cos\left(\omega t-kz\right)\boldsymbol{e}_x+A\cos\left(\omega t-kz\pm\frac{\pi}{2}\right)\boldsymbol{e}_y \tag{6.4}$$

1) 对应左旋圆偏振光,有

$$\boldsymbol{E}_y=A\cos\left(\omega t-kz-\pi/2\right)\boldsymbol{e}_y$$

即 OY 的分量比 OX 的分量落后 $\pi/2$ 个相位,迎着光的传播方向看,光矢量沿着逆时针方向旋转,称为左旋偏振光。

2) 对应右旋圆偏振光,有

$$\boldsymbol{E}_y=A\cos\left(\omega t-kz+\pi/2\right)\boldsymbol{e}_y$$

即 OY 的分量比 OX 的分量超前 $\pi/2$ 个相位,迎着光的传播方向看,光矢量沿着顺时针方向旋转,称为右旋偏振光。

(3) 椭圆偏振光

沿 OZ 轴以速度 v 传播的椭圆偏振光,可以看成是两个最大振幅不同、相互垂直的偏振光的合成:

$$\begin{cases}\boldsymbol{E}_x=A_x\cos\left(\omega t-kz\right)\boldsymbol{e}_x\\ \boldsymbol{E}_y=A_y\cos\left(\omega t-kz+\delta\right)\boldsymbol{e}_y\end{cases} \tag{6.5}$$

其合成电矢量可以用下面的方程表示:

$$\boldsymbol{E}=\boldsymbol{E}_x+\boldsymbol{E}_y=A_x\cos\left(\omega t-kz\right)\boldsymbol{e}_x+A_y\cos\left(\omega t-kz+\delta\right)\boldsymbol{e}_y \tag{6.6}$$

1) 当 $0>\delta>-\pi$,即 OY 的分量比 OX 的分量落后 δ 个相位,迎着光的传播方向看,光矢量沿着逆时针方向旋转,称为左旋椭圆偏振光。

2) 当 $\pi>\delta>0$,即 OY 的分量比 OX 的分量超前 δ 个相位,迎着光的传播方向看,光矢量沿着顺时针方向旋转,称为右旋椭圆偏振光。

可见,圆偏振光和线偏振光是椭圆偏振光的特例:

- 当$A_x=A_y$,$\delta=\pm\pi/2$ 时,椭圆偏振光退化为圆偏振光;
- 当 $\delta=0,\pm\pi$,或$A_x=0$ 或$A_y=0$ 时,退化为线偏振光,如图 6-1 所示。

6.2.2 二向色性与偏振片

有些晶体对不同方向的电磁振动具有选择吸收的性质,例如天然的电气石晶体,当光照射

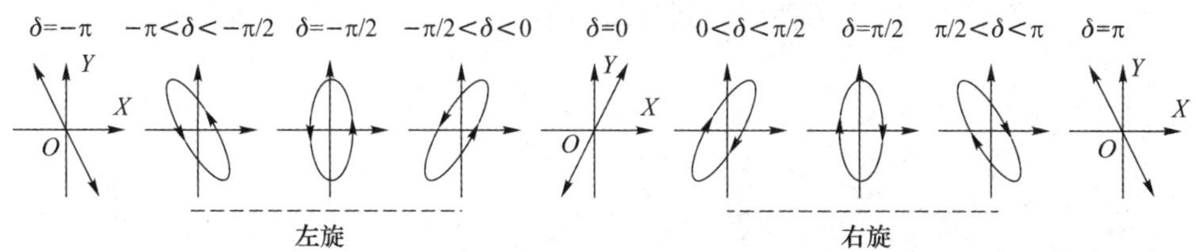

图 6－1　椭圆偏振光

在这种晶体的表面上时，电矢量振动与晶体光轴平行的部分被吸收较少，与晶体光轴垂直的部分被吸收较多，这种性质叫作二向色性。天然的电气石晶体很小，透光截面不大，且电气石对两个方向振动吸收程度的差别不够大，用作偏振片的理想晶体最好能尽量使一个方向的振动全部吸收，这样即使是一束自然光，透过偏振片后也可以变成偏振光。

实验室常用的偏振片，是将一些具有二向色性的微小有机晶粒如硫酸碘奎宁，沉淀在聚乙烯醇或其他塑料膜内，将膜沿一定方向拉伸，有机晶粒按拉伸方向整齐排列起来而成。硫酸碘奎宁晶体的性能要比电气石好得多，晶粒的光轴定向排列起来，可得到面积很大的偏振片。偏振片上能透过的振动方向称为它的透振方向。

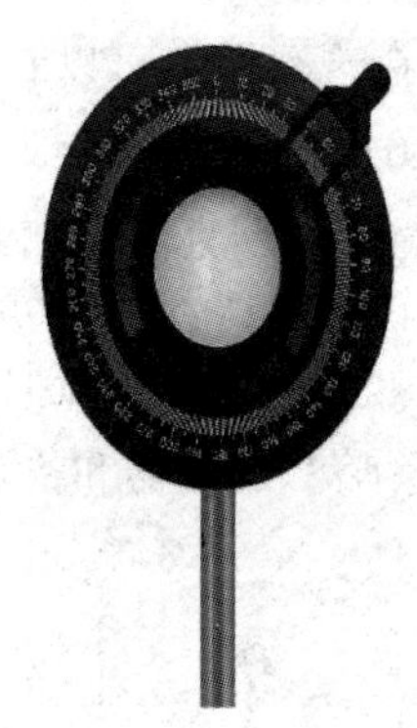

图 6－2　偏振器

实验室所用偏振器如图 6－2 所示，在一个可以转动的金属框内放置了一个偏振片，偏振片可以随金属框在平面内 360 度旋转，金属框上有一个小指针，可以指示偏振片所转动的角度。

偏振器既是起偏器，同时又可以作为检偏器。

注意

在下面的实验中，对实验现象的判断一般用消光而不是用最强光，因为相比于最强光，人眼能更好地判断消光。

6.3　光的线偏振

6.3.1　用起偏器产生线偏振光

自然光是非偏振光。为了产生线偏振光，需要用到起偏器。

(1) 产生偏振光

操作

请按图 6－3 所示，在光导轨上搭建实验装置：钠光灯、聚光透镜 C(短焦距凸透镜)、成像透镜 L(焦距为 20 cm 的凸透镜)、圆孔屏和观察屏。钠光灯产生的光可以近似看做单色光，波长为 $\lambda=589.3$ nm。

光源产生的光通过一个聚光透镜照射到圆孔上。根据实验需要，圆孔的半径大小可以调节。通过调整圆孔、成像透镜和光屏的位置关系，使圆孔在观察屏上成放大的像。

实验时注意将导轨上所有器件调节到等高共轴。

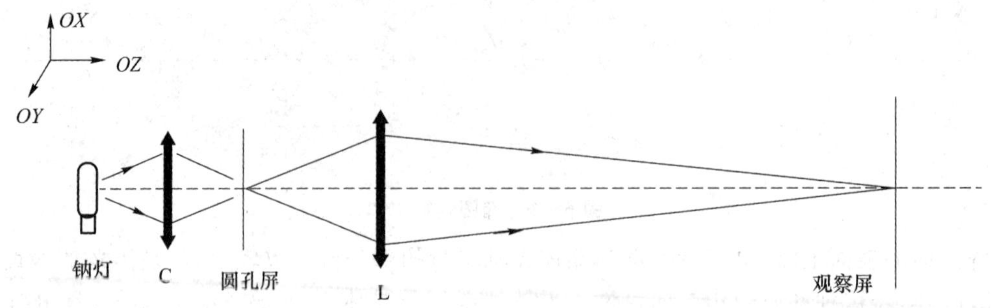

图 6-3　实验装置基本光路图

观察:

1) 在观察屏上可以看到什么现象?

2) 在光路中透镜与观察屏之间放入一个起偏器 P,如图 6-4 所示(图中所示的 A 暂不放置),观察屏上的现象有什么变化?

3) 转动起偏器,观察屏上又有什么变化?

4) 将起偏器换成检偏器 A(图中所示的另一个起偏器 P 暂不放置)。能够观察到什么不同的现象吗?起偏器和检偏器有什么本质的不同吗?

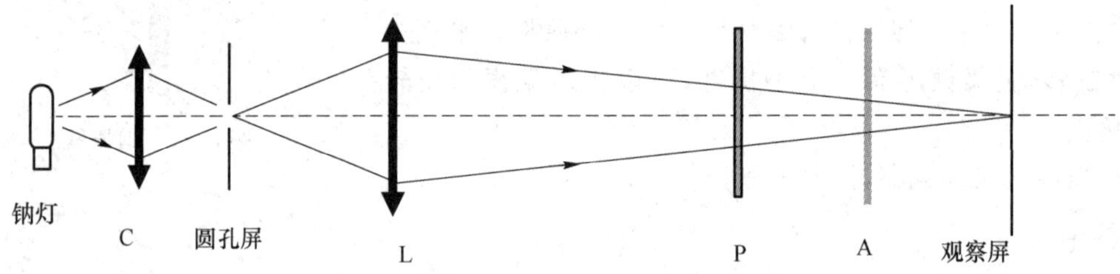

图 6-4　起偏和检偏光路图

(2) 检测偏振光

起偏器 P 与观察屏之间放入一个检偏器 A,如图 6-4 所示。

1)保持起偏器不动,把检偏器转动整整一周:

- 在检偏器转动一周的过程中,观察屏上会出现两次消光和两次光强最强的现象;
- 保持起偏器上指针的位置不变,记录出现上述现象时检偏器上指针所指方向的夹角:

起偏器指针位置:________;

检偏器指针位置:全消光时(1):________,全消光时(2):________;

光强最强时(1):________,光强最强时(2):________。

2) 把起偏器指针转过一定角度,重复上面的实验。

起偏器指针位置:________;

检偏器指针位置:全消光时(1):________,全消光时(2):________;

光强最强时(1):________,光强最强时(2):________。

观察到的现象是与原来相同呢,还是有所不同?

结论:

通过上述观察可以得到如下两个结论：

- 从偏振片出射的光的电矢量 $\boldsymbol{E}$ 有一个确定的方向；
- 当检偏器和起偏器的透振方向垂直的时候发生消光现象，也就是说偏振片只允许电矢量的振动方向与其透振方向平行的光的分量通过。

6.3.2　布儒斯特(BREWSTER)实验

请思考以下问题：

1）起偏器度盘上标记为"0"的方向，是与偏振片透振方向平行，还是垂直于透振方向？

2）怎么确定偏振片透振方向？

为了回答这些问题，需要进行布儒斯特实验。

根据光的电磁场理论，当一束光线以一定角度（布儒斯特角）从空气中入射玻璃片上时，其反射光线是线偏振光，偏振光电矢量振动方向垂直于入射平面。

如图 6－5 所示，一束激光入射到折射率为 n 的玻璃面上并发生反射。玻璃片的一面被涂黑，以避免多余的反射。玻璃片被垂直地放置在分光计载物台上，利用分光计可以方便地改变和精确地测量入射角。

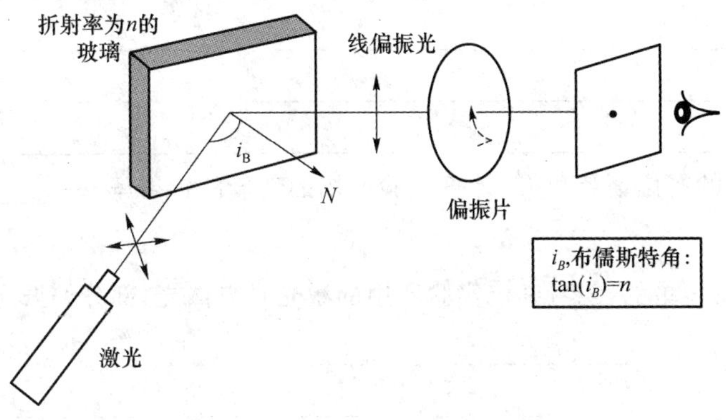

图 6－5　布儒斯特实验装置示意图

操作

（1）分光计调节

按图 6－5 布置光路。首先参照分光计实验的相关方法和步骤，调整分光计，使玻璃片法线和激光器出射光尽可能与载物台的主轴垂直。

转动分光计平台，使得入射角 $i=0$，这时反射光线与入射光线重合。

（2）测量布儒斯特角

1）旋转分光计平台，使入射角约等于 50°；

2）继续缓慢转动分光计平台，增大入射角，同时转动检偏器并仔细查看观察屏上光斑的强度；

3）调节入射角并转动检偏器，直到在观察屏上看到的光斑最弱。

- 此时的入射角即为布儒斯特角 i_B，即消光效果最好时的入射角。

$i_B=$＿＿＿＿＿。

(3) 确定偏振片的透振方向

当入射角等于布儒斯特角时,反射光是线偏振光,其振动方向垂直于入射面;该光通过检偏器后产生消光效果最好现象,表明检偏器的透振方向与该光的偏振方向垂直,即平行于入射面。

本实验中,如果分光计的载物台水平,即光的入射面水平,则消光效果最好时,检偏器的透振方向为水平方向。

此时该检偏器(偏振片)指针指向的刻度为________。

(4) 布儒斯特定律

设光以入射角 i_1 从折射率为 n_1 的介质入射到折射率为 n_2 的介质,折射角为 i_2,由菲涅耳定律可知,在分界面(n_1, n_2)上光的振动方向平行于入射平面的强度反射系数 r_p 的表达式为

$$r_p=\frac{n_2\cos i_1-n_1\cos i_2}{n_2\cos i_1+n_1\cos i_2}=\frac{\tan(i_1-i_2)}{\tan(i_1+i_2)} \tag{6.7}$$

处理

请由此推导布儒斯特角 i_B 实际上就是 r_p 为零的角度:

____

____

____

i_B 的定义式为:____

根据测量得到的布儒斯特角 i_B,计算实验所用的玻璃的折射率 $n=$________。

讨论

思考:能否根据简单的实验,确定实验所用的激光是自然光,部分偏振光还是线偏振光?

____

____

6.3.3 偏振片的应用

(1) 观察水面或湿的路面,在某些角度会产生一些很强的反射光。一些偏振眼镜可以利用线偏振原理来削弱这些强反射光对人眼的刺激。同样的道理,也可以在照相机的镜头上添加偏振片,达到削弱某些光强的目的。那么,为了避免强反射光,偏振片的透振方向应该是水平的还是竖直的呢?或者其他方向?

____

____

____

(2) 目前汽车的仪表大多采用液晶显示器,有些显示器的出射光为线偏振光,而为了减少反射光的影响,驾驶员经常会佩戴偏振眼镜。如果液晶显示器出射的线偏振光振动方向与佩戴的偏振眼镜的透振方向垂直,驾驶员就看不到仪表的显示。为了防止这种现象的发生,工程师在设计仪表盘时,应使液晶显示器出射的线偏振光振动方向是水平的还是竖直的呢?或者其他方向?

(3) 在晚上开车时,司机常常会因为迎面而来的汽车前灯的强光照射感觉不适。工程师们建议在前灯和挡风玻璃上各加一层偏振片。如果采用这种方案,如何确定偏振方向?

1) 前灯上的偏振片的偏振方向为________

2) 挡风玻璃上的偏振片的偏振方向为________

3) 这种设计带来的不利之处:

结论:________

6.3.4 马吕斯(MALUS)定律

下面的实验将验证偏振片只允许入射光中平行于透振方向的分量通过。

(1) 实验光路

按图 6-6 搭建实验装置:用传感器代替观察屏,这样可以定量地测定光照强度。为保证效果,实验要尽量在黑暗的环境中进行。

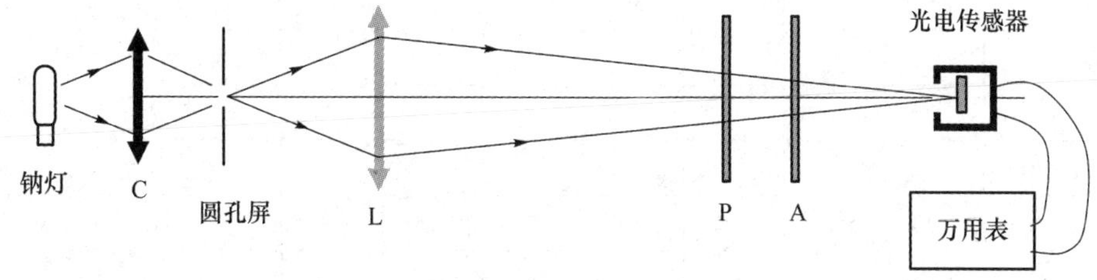

图 6-6　马吕斯定律实验装置示意图

(2) 光电传感器

本实验所用的光电传感器为光电池,其短路输出电流与光照强度成正比,如图 6-7 所示。实验中入射到光电池的光强很弱,输出电流很小,不易测量,因此本实验测量的是光电池的输出电压。在光照强度很小的情况下,光电池输出的电压与所受光照强度近似成正比。

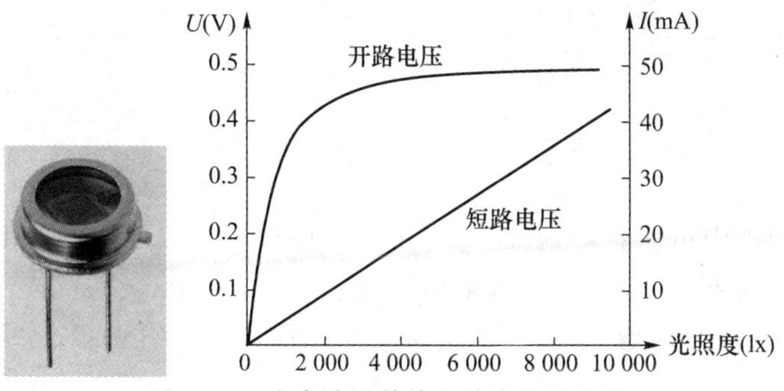

图 6-7　光电池及其输入输出关系曲线

讨论

如果输出电压与入射光强呈非线性关系,对实验结果有何影响?

____

____

____

(3) 测量

操作

设起偏器与检偏器透振方向之间的夹角为 θ,在 $\theta=0$ 时照射到传感器的光强为 I_0,光电池的输出电压为 G,则根据马吕斯定律,有

$$G=\alpha I_0\cos^2\theta+\beta \tag{6.8}$$

式中,α 为传感器的光电转换系数,β 是传感器输入光强为零时的电压。

1) 测量时首先请遮挡小孔屏或光源,记录环境光强下万用表的读数 G_{obsc};

2) 改变起偏器与检偏器之间透振方向的夹角 θ,在 $-90\sim90°$($0\sim180°$)范围内每隔 10°测量一次,记录对应的光电池的输出电压 G_{lu},记录在表 6-1 中;

3) 令 $G=G_{lu}-G_{obsc}$,以 G 为纵坐标、$\cos^2\theta$ 为横坐标,在图 6-8 中作两者之间的关系曲线。

表 6-1 起偏器与检偏器透振方向夹角与光强关系

$G_{obsc}=$ ________(mV)

θ (°)	0	10	20	30	40	50	60	70	80	90
G_{lu} (mV)										
G (mV)										
$\cos^2\theta$										
θ (°)	−10	−20	−30	−40	−50	−60	−70	−80	−90	
G_{lu} (mV)										
G (mV)										
$\cos^2\theta$										

讨论

通过 $G-\cos^2\theta$ 关系曲线,可以得到什么结论?

____

____

____

(4) 结论

在图 6-8 所作图中可以观察到,$G-\cos^2\theta$ 关系曲线在 $\theta=-90°\sim0$ 和 $\theta=0\sim90°$ 范围变化时,两条曲线有可能不重合,即存在迟滞现象,如图 6-9 所示。这是由于测量 θ 时存在系统误差 θ_0,θ_0 是一个未知常数,所以图 6-8 实际上画出的是 $G=\alpha I_0\cos^2(\theta-\theta_0)+\beta$ 对于 $\cos^2\theta$ 的关系曲线。

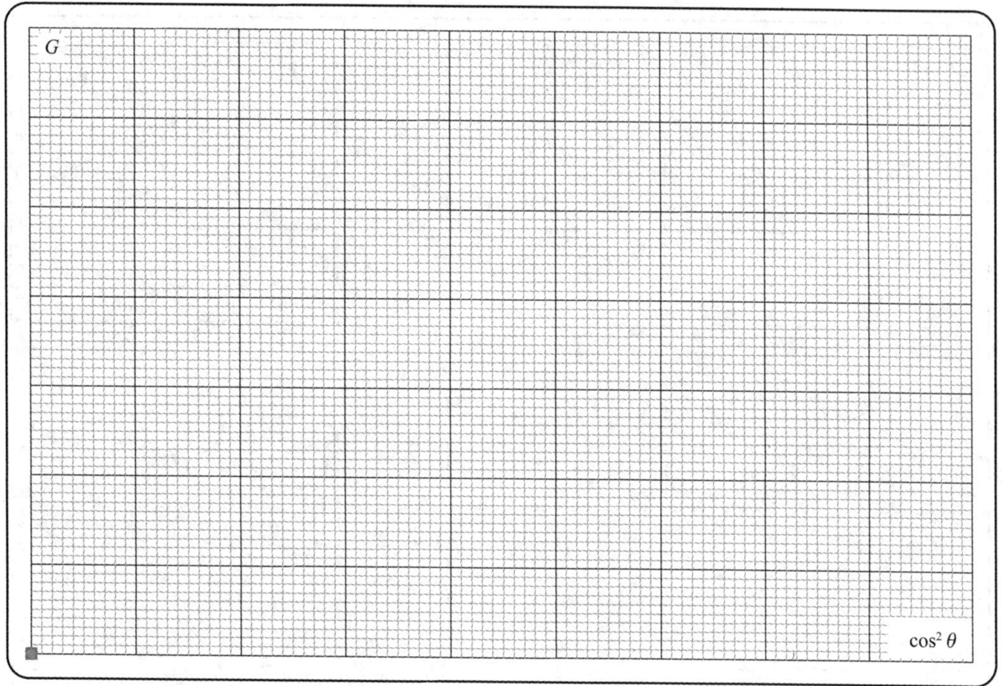

图 6-8　$G-\cos^2\theta$ 关系曲线图

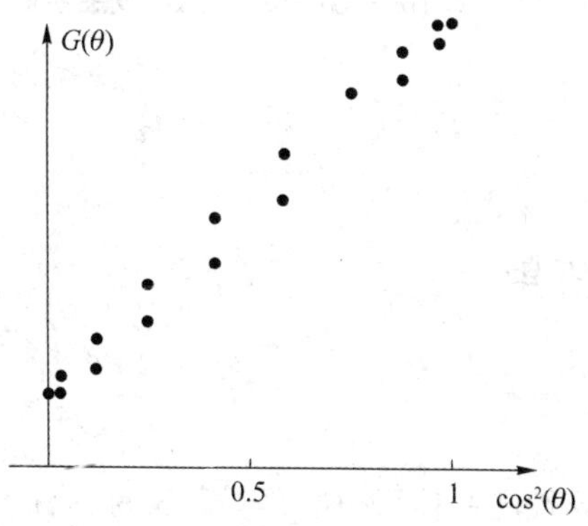

图 6-9　$G-\cos^2\theta$ 关系曲线的迟滞现象

1）请证明[$G(\theta)+G(-\theta)$]对于 $\cos^2\theta$ 的关系曲线是线性的。

2）以[$G(\theta)+G(-\theta)$]为纵坐标、$\cos^2\theta$ 为横坐标，在图 6-10 中作两者之间的关系曲线。

3）通过[$G(\theta)+G(-\theta)$]对于 $\cos^2\theta$ 关系曲线，可以得到什么结论？

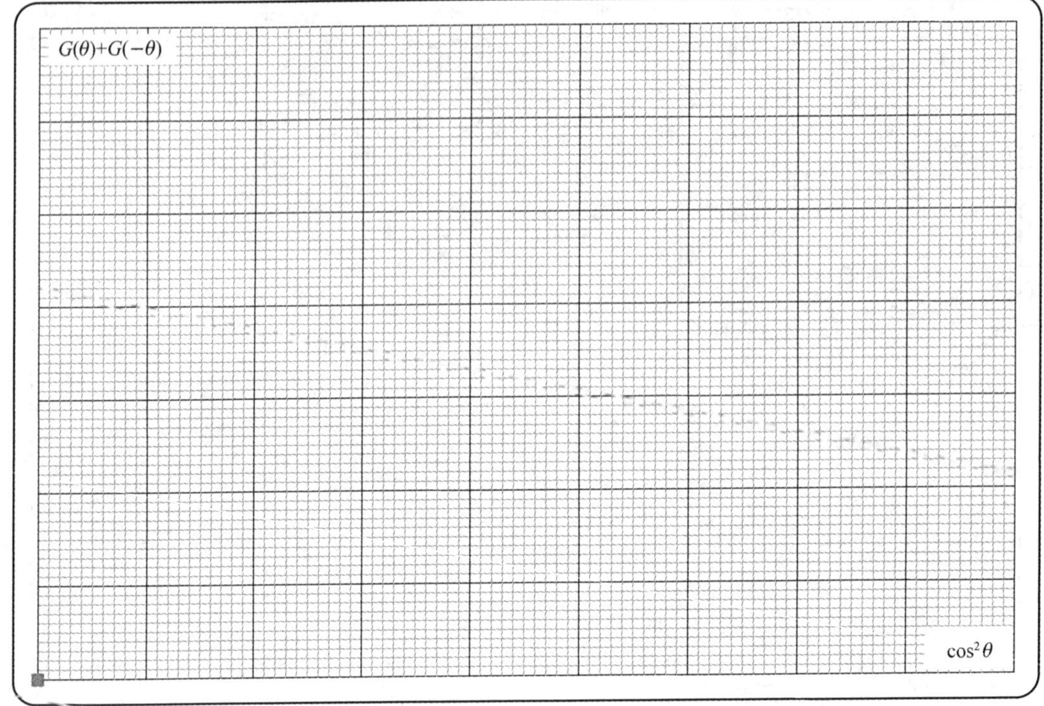

图 6-10 $\{G(\theta)+G(-\theta)\}-\cos^2\theta$ 关系曲线图

6.4 波 片

6.4.1 晶体的双折射

相关理论

(1) 双折射现象

当一束自然光射向各向异性的晶体(例如方解石,又称冰洲石),将在晶体内分裂成两束沿不同方向折射的光,这种现象称为双折射现象。改变入射角,两束折射光的方向也随之改变,其中一束遵从折射定律,称为寻常光,简称 o 光;另一束不遵从折射定律,称为非常光,简称 e 光。o 光和 e 光都是线偏振光,并且振动方向互相垂直,如图 6-11 所示。需要说明的是,所谓 o 光和 e 光只是在双折射晶体内传播而言的,一旦射出晶体之后,就无所谓 o 光和 e 光了。

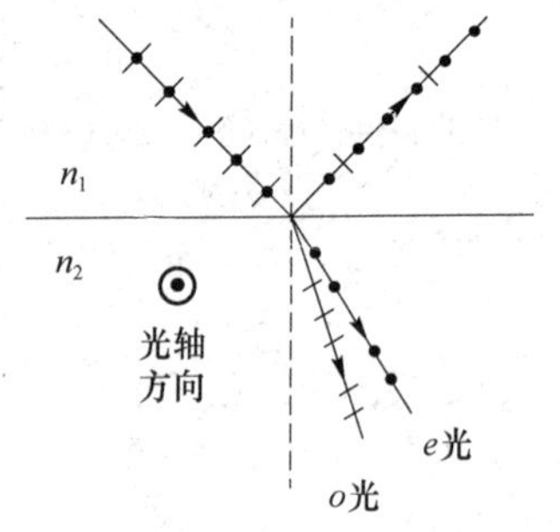

图 6-11 双折射现象

晶体中还存在一个特殊的方向,光沿此方向传播时不发生双折射,这个特殊方向称为晶体的光轴,如图 6-12(a)所示。只有一个光轴方向的晶体称为单轴晶体。需要指出的是,光轴是一个方向而不是一条直线,凡是与此方向平行的都是光轴。

当光轴平行于界面，光垂直于界面入射到双折射晶体时，折射光将被分成 o 光和 e 光，o 光电矢量垂直于光轴，e 光电矢量平行于光轴，但两折射光的传播方向不变，且 o 光和 e 光的传播速度不同(折射率不同)，因此通过厚度一定的晶片时光程不同，出射时有一个相位差，如图 6－12(b)所示。

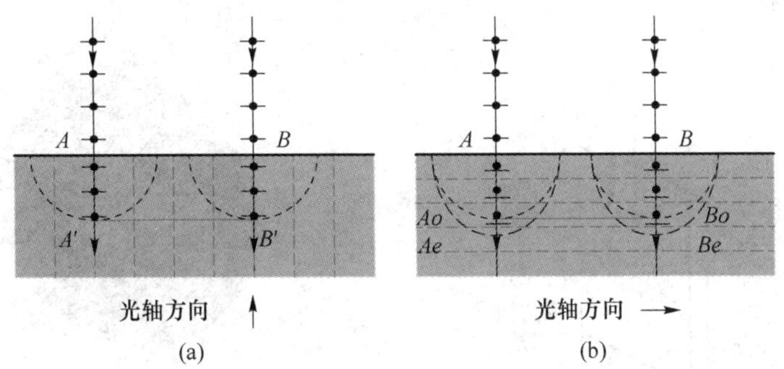

图 6－12　光平行于光轴方向和垂直于光轴方向入射到双折射晶体

利用图 6－12(b)所示的双折射原理，可以制作波片，用于改变光的偏振态。波片是从单轴晶体上切割下来的平面平行板，其表面平行于光轴。

(2) 波片

如图 6－13 所示，一束沿 OZ 方向传播波长为 λ_0 的线偏振光，通过厚度为 h，光轴方向为 OX 的波片时，会发生双折射，分解成振动方向互相垂直，传播速度不同，折射率不等的两束偏振光，其中：

- 电矢量沿 OX 方向振动的偏振光，传播速度为 $v_X=c/n_X$；
- 电矢量沿 OY 方向振动的偏振光，传播速度为 $v_Y=c/n_Y$。

两束光都是沿着 OZ 方向传播的，沿着 OX 偏振的光通过波片的光程是 $n_X h$，相应地沿 OY 方向偏振的光通过波片的光程是 $n_Y h$。因此从波片出射时，OX 和 OY 方向的光程差 δ 为

$$\delta=(n_X-n_Y)h$$

对应的相位差：

$$\varphi=\frac{2\pi\delta}{\lambda_0}=\frac{2\pi(n_X-n_Y)h}{\lambda_0}$$

如果 $n_X<n_Y$，即 $v_X>v_Y$，则 OX 为快轴，OY 为慢轴，那么 OY 方向出射的振动相比于 OX 方向有一个滞后，这种滞后导致入射光从波片出射时，两个振动方向之间产生附加相位差。

可以通过控制波片的厚度，得到某些特定的相位差：

- 如果 $\varphi=2k\pi$，$k=1,2,3\cdots$，则波片是全波片；
- 如果 $\varphi=2k\pi+\pi$，$k=1,2,3\cdots$，则波片是半波片；
- 如果 $\varphi=2k\pi+\pi/2$，$k=1,2,3\cdots$，则波片是四分之一波片。

需要注意的是：

1) 相位差 φ 一般与入射光波长相关，因此所有的波片都有对应的工作波长。如标称波长为 λ_0 的半波片，当入射光波长为 $\lambda_1\neq\lambda_0$ 时，产生的相位差就不等于 π。

2) 从波片工作原理可知，只有正入射到波片的光，才沿原入射方向出射，因此在精度要求较高的实验中，需要调节光路使光垂直于波片入射。

3）如果不是特别标明，一般的波片厚度都不是一级的，如四分之一波片产生的相位延迟并不等于 $\pi/2$，而是 $2k\pi+\pi/2$。为什么？

实验室所使用的波片如图 6-14 所示，对应的波长约为 590 nm，与钠黄光的波长接近。结合偏振片，利用这些波片可以产生不同类型的偏振光，实现不同类型偏振光的转换，或分析偏振光的偏振类型。

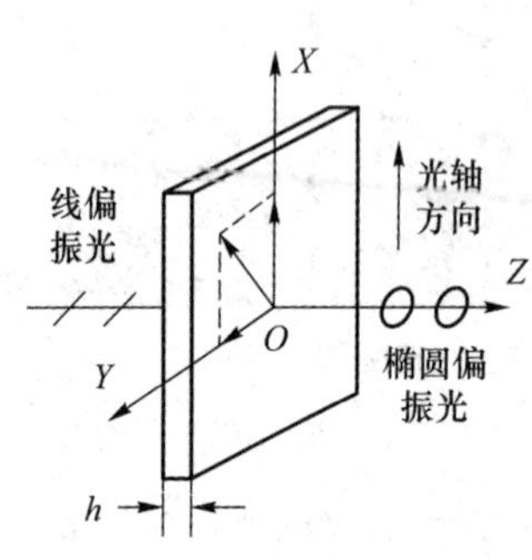

图 6-13　线偏振光入射到波片

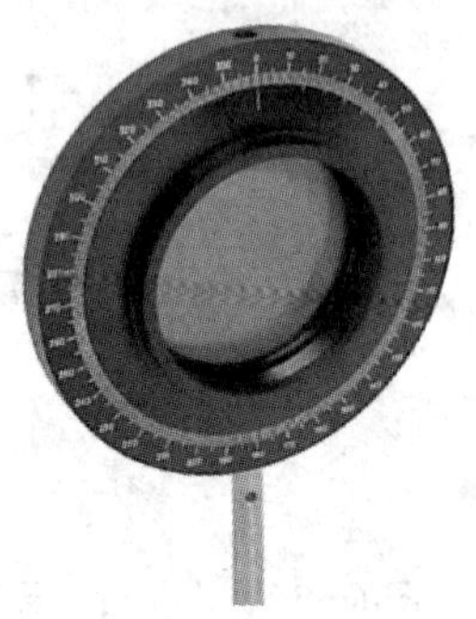

图 6-14　波　片

6.4.2　半波片

一定厚度的双折射晶体做成的波片，当法向入射的光透过时，o 光和 e 光之间的相位差等于 π 或其奇数倍，这样的晶片称为二分之一波片，简称半波片。通过这样的一个波片，两个偏振方向的振动之间有一个 π 的相位改变，对应为光程就是 $\lambda/2$ 的光程差。某个特定的半波片仅仅对某个特定波长。

操作

(1) 确定快慢轴方向

按图 6-15 所示光路，搭建实验装置。

注意

需要特别强调的是，根据波片的工作原理，光路中光线应该正入射到波片；实验时为了保证观察效果和简化光路，做了近似处理，即通过透镜把光会聚到了观察屏上。也可用平行光入射到波片，然后在观察屏前加一凸透镜聚光，提升观察效果。

1）在放置半波片之前，先使起偏器 P 和检偏器 A 的透振方向垂直，也就是使出射光线消光；

2）在 P 和 A 之间加上半波片。通常情况下可以看到观察屏上光斑重新出现，但是光强度减弱；

3）把半波片旋转一整圈，可以看到四个比较重要的位置(对应两个方向)，在这些位置上出现消光现象。这就是晶体的快慢轴(指快轴或慢轴，有些教材也称之为 *o* 轴或 *e* 轴)方向。

结果：

第一条快慢轴对应的角度：________________

第二条快慢轴对应的角度：________________

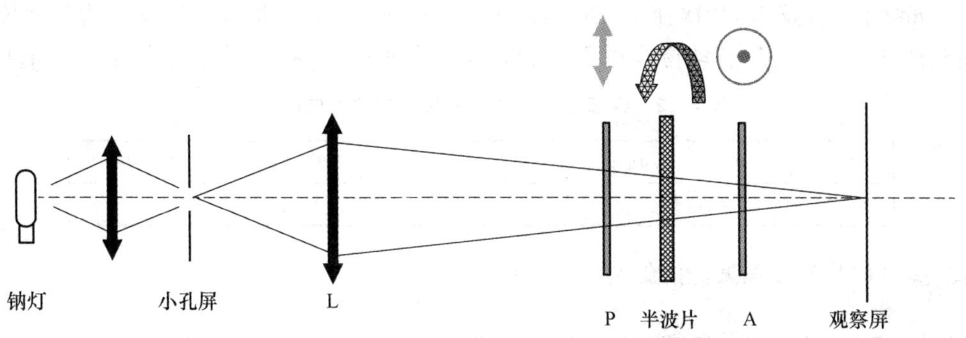

图 6-15　研究半波片实验光路示意图

(2) 半波片对线偏振光的影响

因为起偏器和检偏器是正交的，因此可以转动半波片达到完全消光。此时波片的快轴或慢轴和起偏器的透振方向平行。

处理

思考：

1) 将起偏器 P 逆时针转动 40°后，如光屏上重新出现光斑，为了再次达到消光，需要把检偏器 A 转动多少角度？________，□ 顺时针　□逆时针。

2) 将半波片逆时针转动 35°后，如光屏上重新出现光斑，为了再次达到消光，需要把检偏器 A 转动多少角度？________，□ 顺时针　□逆时针。

3) 将半波片逆时针转动 125°(90°+35°，即与另外一条快慢轴夹角为 35°)后，如光屏上重新出现光斑，为了再次达到消光，需要把检偏器 A 转动多少角度？________，□ 顺时针　□逆时针。

4) 根据思考结果，补全图 6-16 的图像。图中已画出了入射光，请根据图中半波片快慢轴的位置，画出出射光线的振动方向并给出角度。

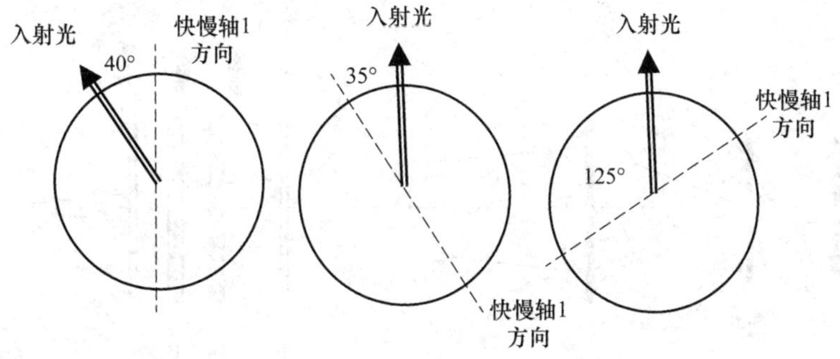

图 6-16　半波片对线偏振光的影响

操作

把起偏片 P 重置回原来的位置，与检偏器 A 正交；波片的一条快轴或慢轴和起偏器的透振方向平行，又得到消光状态。

• 逆时针转动半波片 $\theta=15°$，光屏上将重新出现光斑；保持起偏片 P 位置不变，逆时针转动检偏器 A 直到看到首次消光，记录此时的角度 θ'。

• 继续上一步实验,依次使 $\theta=30°,45°,60°,75°,90°$($\theta$ 值是相对于半波片的起始位置而言,逆时针方向),逆时针转动检偏器 A 直到看到首次消光,在表 6-2 中记录对应的角度 θ'。

表 6-2 线偏振光通过半波片后振动方向的变化

θ(°)	0	15	30	45	60	75	90
θ' (°)							

结论:半波片对线偏振光的影响实质上是什么?

____

____

____

____

6.4.3 四分之一波片

一定波长的光垂直入射通过此波片时,两个偏振方向的振动有一个 $\pi/2$ 的相位差,对应为光程就是 $\lambda/4$ 的光程差,这种波片叫作四分之一波片,下面用 $\lambda/4$ 片表示。在光路中,它常用来使线偏振光变为圆偏振光或椭圆偏振光,或者相反。同样,某个特定的 $\lambda/4$ 片仅仅对某个特定波长的光产生 $\lambda/4$ 的光程差,实验室所使用的 $\lambda/4$ 片对应的波长约为 590 nm,与钠黄光的波长接近。

与半波片不同的是,使用 $\lambda/4$ 片,需要知道哪个方向是慢轴的方向,哪个方向是快轴的方向。

(1) 确定快慢轴

实验方法与确定半波片快慢轴的方法如出一辙:在加上 $\lambda/4$ 片之前,先使得检偏器和起偏器正交,也就是使出射光线消光,然后加入 $\lambda/4$ 片 B_1,设 B_1 的快轴和慢轴方向已知,如图 6-17所示。

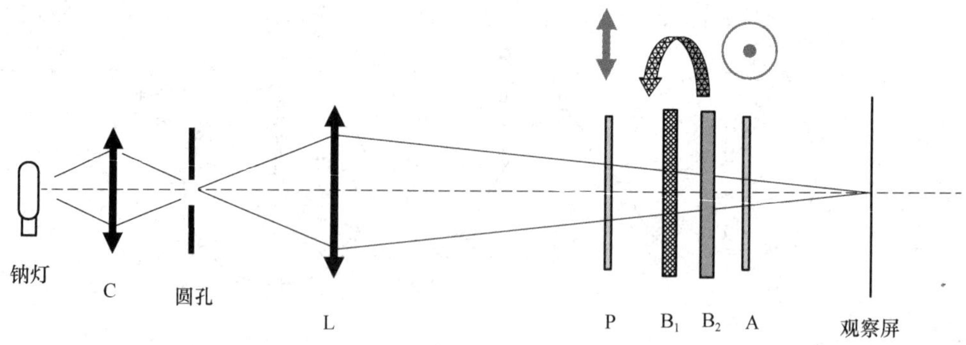

图 6-17 判定 λ/4 片快慢轴实验光路示意图

1) 把 $\lambda/4$ 片旋转一整圈观察到什么现象?

____

____

2) 在什么位置可以观察到消光现象?

____

3）出现消光现象时的位置(角度)分别是________________

（2）未知 $\lambda/4$ 片快轴和慢轴方向的判别

如果 $\lambda/4$ 片没有明确标示快轴和慢轴方向，要识别其各自的方向需要比较复杂的实验，为了简化操作，快速观察和分析实验现象，实验室提供了一个快轴和慢轴方向已知的 $\lambda/4$ 片 B_1。

在下面的实验中，要利用快轴和慢轴方向已知的 $\lambda/4$ 片 B_1，来判定其他 $\lambda/4$ 片的快轴和慢轴方向。

1）使起偏器 P 和检偏器 A 的透振方向垂直，出射光线消光；

2）在 P 和 A 之间加入已知快轴和慢轴方向的 $\lambda/4$ 片 B_1，转动该 $\lambda/4$ 片直至在观察屏上出现较明亮光斑；

3）加入未知快轴和慢轴方向的 $\lambda/4$ 片 B_2，如图 6－17 所示；转动未知的 $\lambda/4$ 片，直至出现消光现象；

4）转动两个 $\lambda/4$ 片的组合体(相对角度不变)，如果可以看到一直处于消光状态，则由此可以根据已知快轴和慢轴方向的 $\lambda/4$ 片，判断出未知 $\lambda/4$ 片的快轴和慢轴方向。

如果一个波片的快轴和另一个波片的慢轴相互重合，结果就相当于两个偏振方向上的相位差为零，这样对光的偏振态没有影响，把它们共同转动，无论转过的角度如何都保持消光状态；如果不是，也就是意味着两个 $\lambda/4$ 片的慢轴彼此重合，总体来说其实就相当于一个半波片，将它们一起转动就会相间看到消光和光斑重现。

（3）$\lambda/4$ 片对线偏振光的影响

相关理论

如图 6－18 所示，一束线偏振光正入射到 $\lambda/4$ 片，其出射光的电矢量可以等效表述为：

$$\begin{cases} E_X = A_X\cos(\omega t - kz) \\ E_Y = A_Y\cos(\omega t - kz + \delta) \end{cases} \tag{6.9}$$

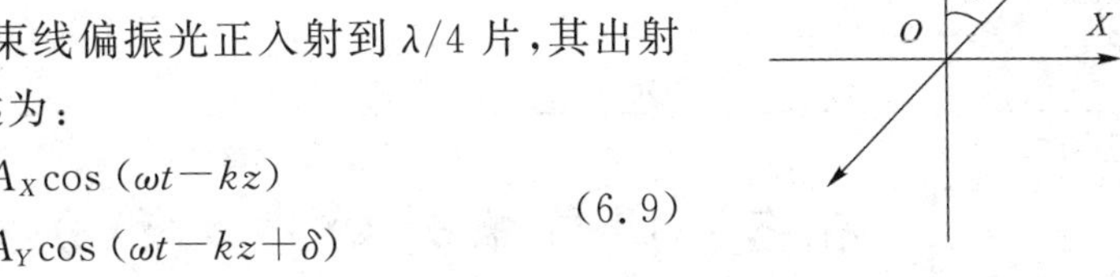

图 6－18　线偏振光入射到 λ/4 片

式中，$A_X = A\sin\theta$，$A_Y = A\cos\theta$，A 为电矢量最大振幅。

1）如果 OY 为快轴，OX 为慢轴，则 $\delta = \pi/2$，出射光为右旋椭圆偏振光；如果 $\theta = 45°$，则 $A_X = A_Y$，出射光为右旋圆偏振光；

2）如果 OY 为慢轴，OX 为快轴，则 $\delta = -\pi/2$，出射光为左旋椭圆偏振光；如果 $\theta = 45°$，则 $A_X = A_Y$，出射光为左旋圆偏振光；

3）如果 $\theta = 0°, 90°$，出射光仍为线偏振光。

上述结论可以简单用下列法则记忆：迎着光入射方向，在入射象限中，从入射光线出发向左可以先后找到慢轴（扫过的角度小于 90°），则出射光为左旋椭圆偏振光；从入射光线出发向左可以先后找到快轴（扫过的角度小于 90°），则出射光为右旋椭圆偏振光，如图 6－19 所示，图中 Y 轴为快轴，X 轴为慢轴。

操作

按图 6－20 所示光路，搭建实验装置。首先，起偏器 P 和检偏器 A 正交，$\lambda/4$ 片的快慢轴与起偏器的方向平行，光屏上消光：

• 把 $\lambda/4$ 片波片转动 45°，观察屏上重新出现光斑！为什么？

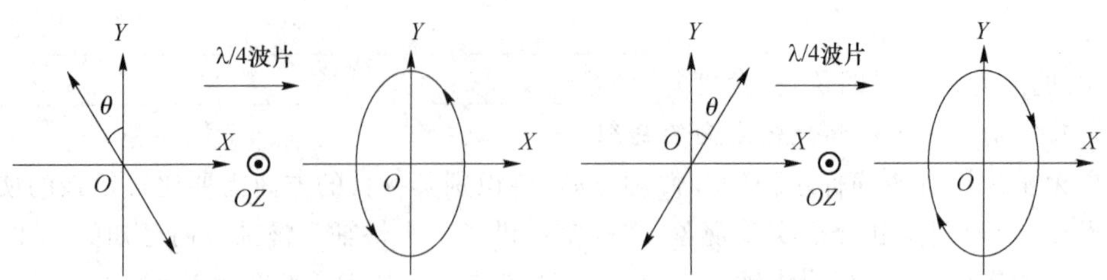

图 6-19 线偏振光透过 λ/4 片后的偏振态

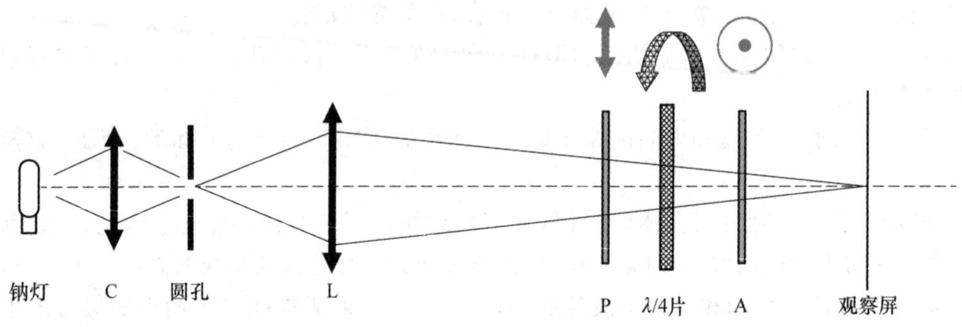

图 6-20 线偏振光入射 λ/4 片实验光路示意图

• 无论如何转动检偏器,光屏的照射强度不变。为什么 ?

6.5 圆偏振光的产生和分析

相关理论

如图 6-21(a)所示,设有一束左旋圆偏振光:

$$\begin{cases} E_X = A\cos(\omega t - kz) \\ E_Y = A\cos\left(\omega t - kz - \dfrac{\pi}{2}\right) \end{cases} \tag{6.10}$$

正入射到 λ/4 片,则出射光为

$$\begin{cases} E_X = A\cos(\omega t - kz) \\ E_Y = A\cos(\omega t - kz) \end{cases} \tag{6.11}$$

是一束线偏振光,在以快轴为 Y 方向、慢轴为 X 方向的直角坐标系中,处于第 I、III 象限。

同理可以推得,一束右旋圆偏振光正入射到 λ/4 片,则出射光为一束线偏振光,在以快轴为 Y 方向、慢轴为 X 方向的直角坐标系中,处于第 II、IV 象限,如图 6-21(b)所示,图中 Y 轴为快轴,X 轴为慢轴。

基于这一原理,利用已知快轴和慢轴方向的 λ/4 片和一个偏振片,就可以分别识别出左旋圆偏振光和右旋圆偏振光。

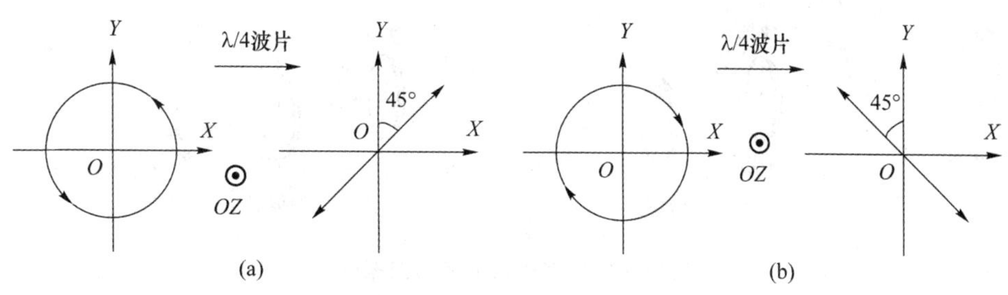

图 6－21　圆偏振光透过 λ/4 片后的偏振态

6.5.1　圆偏振光的检测

操作

(1) 产生圆偏振光

实验装置如图 6－22 所示。其中 B_1 为 λ/4 片，调节起偏器 P 的透振方向与 B_1 的快慢轴成 45°，光经过 P 和 B_1 后成为圆偏振光。本部分实验中只需知道 B_1 的快慢轴方向，可以不知道哪个是快轴、哪个是慢轴，这样出射的圆偏振光是左旋还是右旋也就未知。

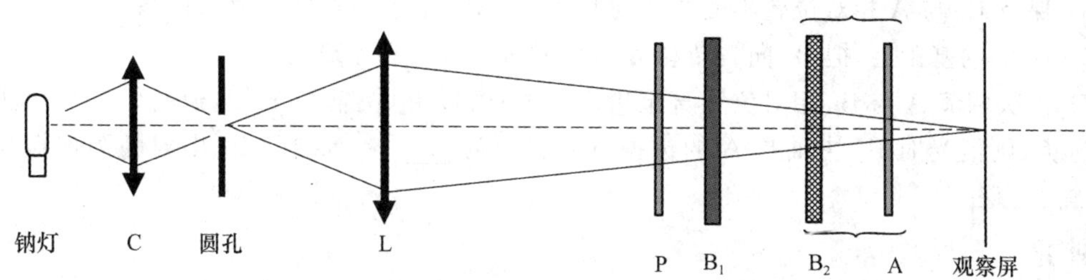

图 6－22　圆偏振光检测与分析实验光路

(2) 消光法检测圆偏振光

图 6－22 中，B_2 也是一个 λ/4 片，圆偏振光经过 B_2 后将成为线偏振光。由于入射到 B_2 的是圆偏振光，所以 B_2 与 B_1 的夹角无需调节。

由于从 B_2 出射的为线偏振光，因此调节检偏器 A 与 B_2 的夹角，可以找到出射光的消光位置；保持此时的夹角不变，将 A 与 B_2 的组合体作一体化转动，出射光将始终保持消光状态，这就是消光法检测圆偏振光的原理。

如果自然光入射到 A 与 B_2 的组合体，则不论两者相对夹角位置如何变化，都不可能出现消光现象，因此用消光法可以区分圆偏振光和自然光。

6.5.2　圆偏振光的分析

由于左旋圆偏振光和右旋圆偏振光在经过 λ/4 片后，其生成的线偏振光电矢量的振动方向，在以 λ/4 片快轴为 Y 方向、慢轴为 X 方向的直角坐标系中的位置不同，因此如果知道 B_2 的快轴和慢轴的具体方向，就可以利用 B_2 与 A 的夹角，分析出是左旋圆偏振光还是右旋圆偏振光，如图 6－23 所示。

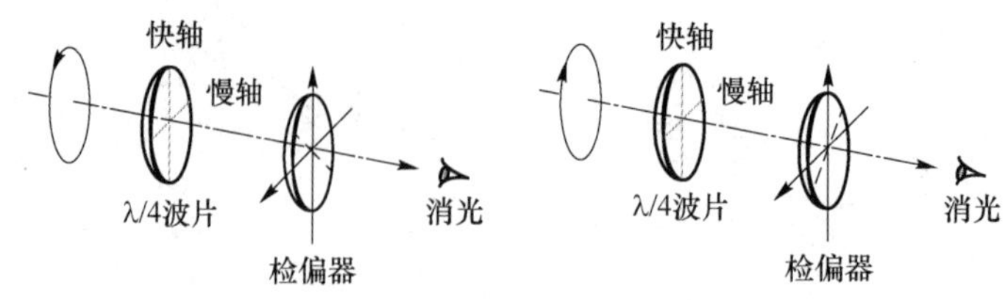

图 6-23 消光法分析圆偏振光

操作

按图 6-22 搭建实验装置。

1）首先,放置起偏器 P 和检偏器 A 并使它们正交,光屏上消光;

2）放置 $\lambda/4$ 片 B_1,调节 B_1 的快慢轴方向,使之与 P 的透振方向平行,光屏上消光;

3）把 B_1 向左转动 45°,此时 B_1 出射圆偏振光,观察屏上出现光斑,转动检偏器光斑强度无变化;

4）在 B_1 和 A 之间加入 $\lambda/4$ 片 B_2,调节 A 与 B_2 相对位置直至出现消光;若以 B_2 快轴为 Y 轴,逆时针角度为正,顺时针为负,则消光时 B_2 快轴与 A 的透振方向夹角为________,B_1 出射的圆偏振光是:□ 左旋 □右旋。

5）保持 B_2 与 A 相对位置不变并转动两者组合体,是否一直处于消光状态?

6）在 2)的基础上,把 B_1 向右转动 45°,此时观察屏上有光斑吗?

7）再次调节 A 与 B_2 相对位置直至出现消光;若以 B_2 快轴为 Y 轴,逆时针角度为正,顺时针为负,则消光时 B_2 快轴与 A 的透振方向夹角为________,判断 B_1 出射的圆偏振光是:□ 左旋 □右旋。

讨论

1）观察出现消光时,B_1 与 B_2 快慢轴的方向。两者之间有什么关系?由上述实验,根据 B_2 的快轴和慢轴方向,是否也可以判断出 B_1 的快轴和慢轴方向?如果可以,应该如何判断?

____

____

____

提示:如果 B_2 与 B_1 快轴方向相同,则两者组成了一个半波片;如果 B_2 的慢轴与 B_1 快轴方向相同,则两者的组合对入射光的偏振没有任何影响。

2）半波片对左旋圆偏振光有什么作用?

____

____

____

3）一束左旋圆偏振光近似垂直地照射到平面镜上,反射光的偏振状态为

□左旋圆偏振 □右旋圆偏振 □线偏振 □部分偏振 □其他

6.6　椭圆偏振光的产生和分析

操作

(1) 椭圆偏振光的产生

按图 6-22 实验装置布置光路，令起偏器 P 的透振方向与 B_1 快慢轴有一定的夹角，且夹角 $\theta \neq 45°$。此时经 B_1 出射的光为椭圆偏振光。同样，此处假设不知 B_1 的快轴和慢轴方向，则出射的椭圆偏振光是左旋还是右旋也就未知。

(2) 确定椭圆的长短轴

在椭圆的两条长短轴 OX 和 OY 上，电矢量振动分量有 $\pi/2$ 的相位差。可以通过检偏器确定椭圆的长短轴：转动检偏片 A，观察屏上光强最小时即对应短轴，光强最大对应长轴。

(3) 确定椭圆偏振光的振动旋转方向

为了确定旋转方向，可在 B_1 与 A 之间，放置一个 $\lambda/4$ 片 B_2，并且使得波片的快慢轴线与椭圆的长短轴重合。转动检偏片直到观察到消光。结论是什么？

____

____

____

注意：用这种简单的方法确定椭圆的轴通常是不精确的，所以通常需要进行多次尝试，并且每次都少量地改变 B_1 位置，最后才通过检偏片得到较好的消光效果。

(4) 确定椭圆偏振光振动的椭圆度

请自行设计实验方案，确定椭圆偏振光振动的椭圆度 $m=b/a$。

1) 若角度 α 代表透过 $\lambda/4$ 片出射的线偏振的振动方向与波片慢轴所成的角度，a 代表长轴、b 代表短轴，那么 a，b 和 α 之间有什么关系？

____

____

____

2) 实现这个测量　(要求有清晰的图解)：计算 $m=$__________

____

____

____

6.7　3D 电影与 3D 观影眼镜

人眼观察物体时，一般情况下两眼对物体的角度不同，在视网膜上形成的像并不完全相同，这两个像经过大脑综合处理后就能区分物体的前后、远近，从而产生立体视觉。3D 电影(立体电影)的原理就是模拟人眼的视觉，以两台摄影机仿照人眼睛的视角同时拍摄，在放映时亦以两台放映机同步放映至同一面银幕上，以供左右眼观看，从而产生立体效果。

拍摄立体电影时需将两台摄影机架在一具可调角度的特制云台上。放映立体电影时,两台放映机以一定方式放置,并将两个画面点对点完全一致地、同步地投射在同一个银幕内。为了保证每个眼睛能看到各自的像,早期的方法是在每台放映机的镜头前加一片偏振镜(起偏器),且两个偏振镜的透振方向互成 90 度,如一台的透振方向是横向,另一台则是纵向。观众观看电影时亦要戴上偏振眼镜,左右镜片的透振方向必须与放映机匹配,这样左右眼就可以各自过滤掉不属于该眼睛视角的画面,即左眼只能看到左机放映的画面,右眼只能看到右机放映的画面,这些画面经过大脑综合后,就产生了立体视觉,展现出一幅连贯的立体画面。但这种方法对观众的坐姿或观察角度要求很高,否则效果不佳。而目前的 3D 电影,两台放映机发出的则是圆偏振光,其中一束为左旋圆偏振光,另一束为右旋圆偏振光,然后采用 3D 观影眼镜将其转换成两束正交的线偏振光,再经过偏振片使两束光分别进入人的两只眼睛,产生 3D 视觉效果,如图 6-24 所示。采用这种技术后,对观众的坐姿或观看角度没有特别要求,提升了观影舒适度和体验感。

本实验将研究 3D 观影眼镜的原理,即如何将左旋和右旋圆偏振分离,使得两图像能够分别进入不同的眼睛。

图 6-24　3D 电影观影眼镜及工作示意图

6.7.1　3D 观影眼镜结构

每个 3D 观影眼镜的镜片都含有两个部件:一个 $\lambda/4$ 片,还有一个偏振片。请自行设计实验,判定偏振片和 $\lambda/4$ 波片在镜片中的前后位置,即偏振片贴近眼睛一侧,还是 $\lambda/4$ 波片在贴近眼睛一侧。

操作

(1) 确定偏振片的透振方向

利用前几节实验所掌握的知识和技能,在不额外增加实验设备的条件下,识别出两个镜片中偏振片的透振方向。

讨论

两个镜片的透振方向是垂直的吗? 如果不垂直,对观影效果有影响吗? 为什么?

(2) 判定 $\lambda/4$ 片的快慢轴方向

操作

利用前几节实验所掌握的知识和技能,在不额外增加实验设备的条件下,识别出两个镜片中 $\lambda/4$ 片的快慢轴方向。

讨论

两个 λ/4 片的快慢轴是垂直的吗？它们和对应的偏振片的透振方向有什么关联？为什么？

6.7.2　3D 观影原理分析

操作

平面反射镜对偏振的影响：

选取一个平面镜作为放映 3D 电影所用的幕布。产生一束左旋圆偏振光，并将其照射到该平面镜上：

1）戴上 3D 观影眼镜看向镜子，分别闭上左眼和右眼，能够观察到什么现象？

2）换成右旋圆偏振光照射反射镜，重复上述步骤，又能观察到什么现象？尝试对其进行解释。

讨论

1）3D 观影眼镜镜片中的 λ/4 片对应的波长应该怎么确定？

2）把 3D 观影眼镜左右眼的镜片互换（将 3D 观影眼镜转 180 度），对观影效果有影响吗？为什么？

3）能把 3D 观影眼镜当作普通的偏光眼镜使用吗？为什么？

6.8 利用白光干涉谱法判定波片的快轴和慢轴(探究实验)

实验室提供的透明云母片，是天然云母厚片经过剥分、定厚、切制、冲制而成的等厚薄片，其光轴与晶片表面平行，如图 6-25 所示。以线偏振光垂直入射到晶片，入射的光振动分解成垂直于光轴和平行于光轴两个分量，对应双折射晶片中的 o 光和 e 光。

通过上面的实验，可以较容易地判断出双折射晶片的快慢轴的方向。但要具体区分出哪个是快轴，哪个是慢轴，则需要采用较为复杂的方法，例如菲涅耳棱镜法、直角棱镜法、简式半影偏光仪法、分光光度计标定法等。其中半影偏光仪是通过将偏光仪中的检偏器换成半影器改装而成，实验中必须使起偏器透光轴与半影器切缝保持正交，因此在测量物理参数时，需要对仪器不断校正，过程烦琐并且精确性受主客观因素影响；而分光光度计标定法则需要采用一个可以产生多个波长的光源，通过系列分光装置，产生特定波长的光源，使用时稳定性不高，会对测定快慢轴速度产生影响。

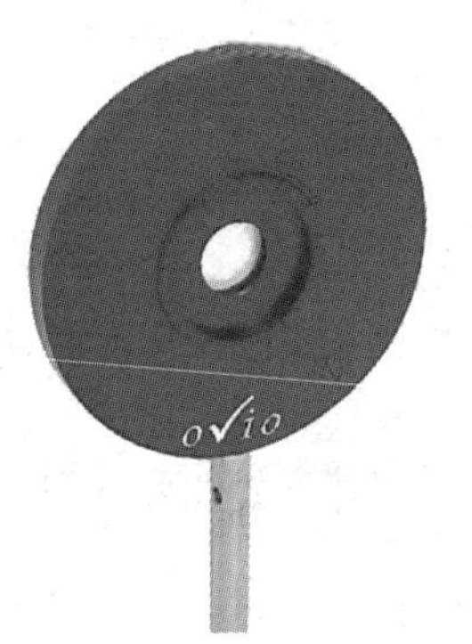

图 6-25 云母片

为巩固和加深对物理概念的理解，综合运用多种技术手段，结合基础物理实验教学需求，下面介绍一种采用光栅光谱仪，通过测量白光分振幅干涉谱线确定云母片快轴和慢轴的方法。实验时，需要利用分光仪自组光栅光谱仪，并通过观测云母片在白光干涉条件下干涉谱线通过偏振片后的位移方向，判定其快轴和慢轴，因此可以帮助同学们深入了解光栅的分光特性、光谱仪的工作原理以及晶体的双折射特性。

6.8.1 双折射晶体的白光干涉谱

相关理论

当一束光照射到透明的等厚云母薄片上时，在薄片内表面产生的反射光，将与入射光在云母薄片上表面发生干涉。如果入射角非常小，云母片的折射率按 1.58 计算，则由菲涅耳反射公式计算可知，只有前两级反射光的强度才足以观察到干涉现象，因此可以略去经受两次以上反射的那些光束对于总强度的贡献。

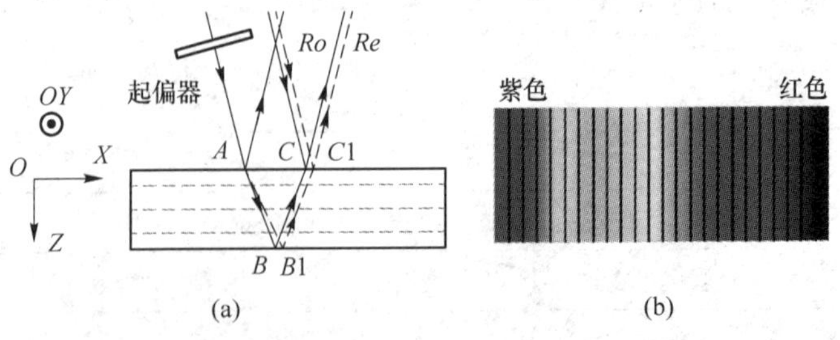

图 6-26 白光在云母片表面产生的干涉

若晶片的一个快慢轴方向位于 X 轴方向，则另一个方向位于 Y 轴方向，如图 6-26(a)所示，从 A 点进入晶片的入射光，进入晶片后将分成 o 光与 e 光，两者的折射角不同，在晶片内经过的路径也不同。若在入射光路上加一个起偏器，改变起偏器的透振方向，可以观察到干涉条纹的位置变化，并由此判断出云母片的快轴和慢轴方向。

设云母片的厚度为 d，在入射角很小时，由于 o 光与 e 光的折射率差别很小，折射角差异也很小，因此两条光路产生的光程差分别近似为 $2n_1d$ 和 $2n_2d$，考虑到半波损失，当 $2n_1d=p\lambda_1$ 或 $2n_2d=p\lambda_2$ 时，产生 p 级相消干涉。

为了易于判别条纹移动方向与折射率变化的关联关系，本实验采用白光干涉谱法，即采用白光光源照射云母片，通过分辨能力很高的光栅光谱仪观察反射光的光谱。实验时可以观察到红色到紫色连续光谱区中，有因相消干涉形成的黑色沟槽条带，如图 6－26(b)所示。改变起偏器的透振方向，可以观察到干涉条带的移动，并由条带移动方向，判断出快轴或慢轴方向。

6.8.2　云母片快轴和慢轴的判定

操作

按图 6－27 所示，搭建实验光路。

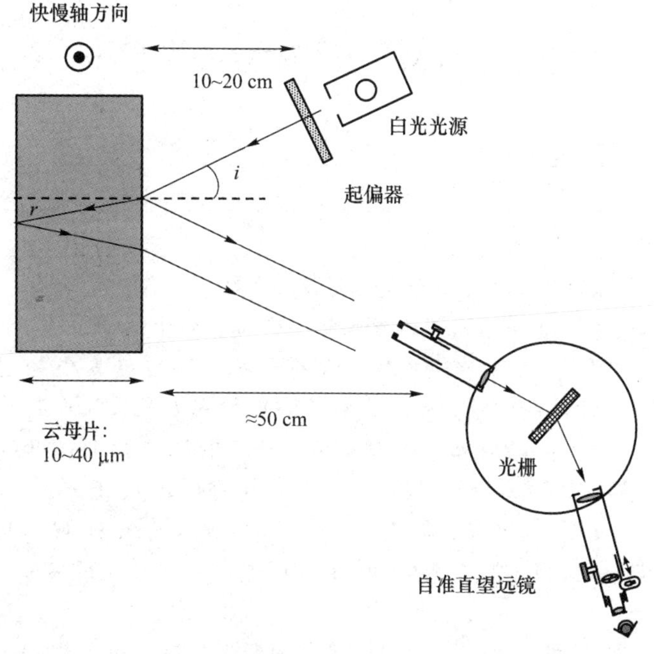

图 6－27　测定云母片快慢轴实验装置

1）使用此前学习过的方法确定云母片的两个正交快慢轴方向，分别标记为 0°方向和 90°方向。

2）利用分光计自组光栅光谱仪，实验时请使用每毫米 600 线的透射光栅，并使其处于光谱分辨力最高的位置；

3）保持分光计各部件相对位置不变，调节照明光源与云母片的位置，在自准直望远镜中观察到白光干涉光谱，假设左侧趋向蓝光，右侧趋向红光；如图 6－28 所示。

思考：假如观察到的光谱右侧趋向蓝光，左侧趋向红光，是什么原因造成的？对下面的实验有影响吗？

图 6-28　云母片白光干涉图

4）在云母片与白光光源之间放置起偏器。调节起偏器透振方向使之与云母片被检测光轴 0°方向平行。

思考：

问题：如果把起偏器放在目镜与观察者之间，而不是云母片与白光光源之间，对下面的实验有影响吗？

5）以自准直望远镜目镜中十字叉丝为参照物，微调望远镜位置使竖叉丝与某一级谱线暗条带位置重合；把偏振片转动 90°，可以观察到暗条带位置发生移动。

偏振片透振方向变化过程中，在云母片内部的光程由 $2n_1d$ 变为 $2n_2d$ 或反之，导致光暗条带位置发生变化。记转动前产生暗条带的光对应的折射率为 n_1，叉丝对应位置条带的波长为 λ_1；转动 90°后云母片的折射率为 n_2，叉丝对应位置条带的波长为 λ_2；若转动后视场中的暗条带向红光区域移动，波长增大，$\lambda_2>\lambda_1$，根据产生相消干涉的公式 $2nd=p\lambda$，对同一级暗条纹，转动后折射率增大，即 $n_2>n_1$，光在介质中的传播速度减小，因此，被检测光轴为慢轴。相反，若暗条纹向蓝光方向移动，相应波长变小，折射率减小，光在介质中的传播速度增大，则被检测光轴为快轴。

在光学实验中，$\lambda/4$ 片可以用来产生和检验圆偏振光和椭圆偏振光，其快轴和慢轴方向是重要的参数。普通 $\lambda/4$ 片厚度过大，不适合上述方法（云母片厚度约为 10～40 μm）测量快慢轴，因此可以利用已知快慢轴方向的云母片测定未知 $\lambda/4$ 波片的快慢轴。

6.9　散射偏振

6.9.1　瑞利散射和米氏散射

相关理论

光线通过均匀的透明介质时，从侧面一般是看不到光线的。如果介质不均匀，如有悬浮微

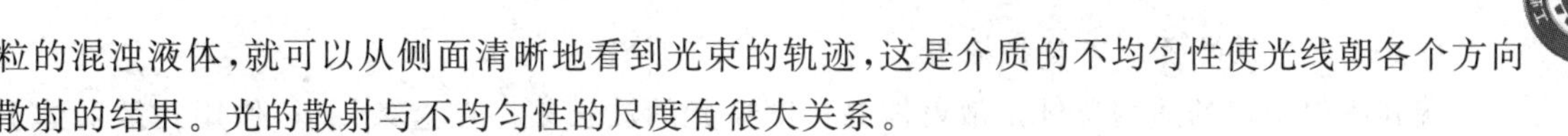

粒的混浊液体，就可以从侧面清晰地看到光束的轨迹，这是介质的不均匀性使光线朝各个方向散射的结果。光的散射与不均匀性的尺度有很大关系。

(1) 瑞利散射

所谓瑞利散射，是指散射粒子线度比波长小得多时粒子对光波的散射，适用于孤立原子或分子的散射，也适用于纯净介质的密度起伏导致的散射。瑞利散射具有以下四个特征：

1) 波长不变，即散射光波长与入射光波长相同。

2) 散射光强度与波长四次方成反比，即 $I \propto 1/\lambda^4$。

3) 散射光强依空间方位成哑铃形角分布。设入射光是自然光，则在与入射光方向呈 θ 角(习惯上称为散射角)的方向上，散射光强为

$$I(\theta)=I_0(1+\cos^2\theta) \tag{6.12}$$

其中 I_0 为垂直于入射光即 $\theta=\pi/2$ 方向的散射光强，散射光强分布如图 6-28 所示。

4) 当自然光入射时，各方向的散射光一般为部分偏振光，但在垂直入射光方向上的散射光是线偏振光，沿入射光方向或其逆方向的散射光仍是自然光。

(2) 米氏散射

由较大颗粒(线度接近或大于光波长)产生的散射称为米氏散射。当粒子线度 a 与光波长可以比拟(a/λ 数量级为 0.1～10)甚至更大时，随着粒子线度的增大，散射光强与波长的依赖关系逐渐减弱，而且散射光强随波长的变化出现起伏，这种起伏的幅度也随着比值 a/λ 的增大而逐渐减少，如图 6-29 所示。

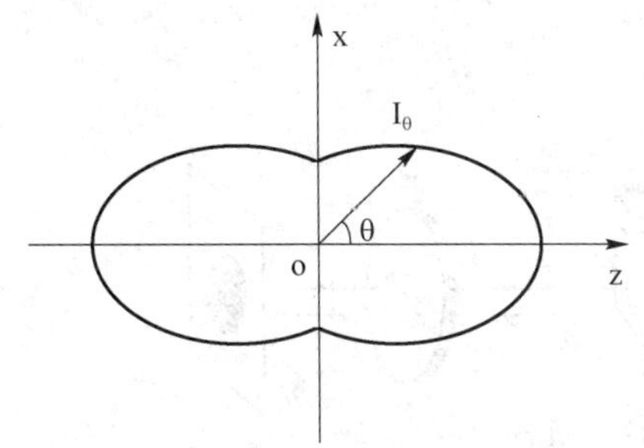

图 6-28　自然光瑞利散射光强的角分布

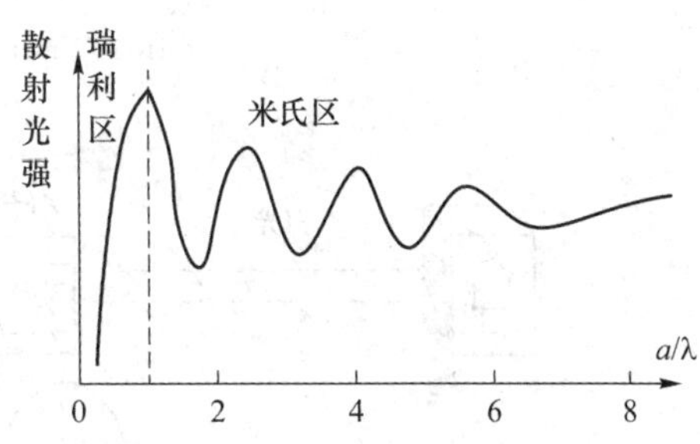

图 6-29　瑞利散射与米氏散射

通过对瑞利散射和米氏散射理论的分析，可以很好地解释许多自然现象，如天为什么是蓝的、云为什么是白的，日出日落和正午时太阳为什么呈现出不同颜色等。

首先白昼天空之所以是亮的，完全是大气散射阳光的结果。如果没有大气，即使在白昼人们也只能看到漆黑天空中耀眼的太阳，就像宇航员在外太空见到的景象一样。大气的散射一部分来自悬浮的尘埃，大部分是密度涨落引起的分子散射，后者的尺度往往比前者小得多，瑞利散射光强度与波长四次方成反比的作用更加明显。由于蓝色光的波长小于红色光，因此大气对蓝光的散射远强于对红光的散射，所以天空看上去是蓝色的。而清晨日出或傍晚日落时，太阳光几乎平行于地面照射，阳光需要穿过厚厚的大气层才能到达人眼。波长较短的蓝光都被散射掉，只有波长较长的红光才能到达观察者的眼睛。因此日出和日落时，太阳看上去是橙红色的。白云是大气中的水滴组成的，因为这些水滴的半径比可见光波长大得多，瑞利散射定律不再适用，按米氏理论不同波长的光都将被散射，这就是云雾呈白色的缘故。

(3) 散射光强的角分布与偏振态

瑞利散射定律的适用条件是散射体的尺度比光的波长小。在这条件下,作用在散射体上的电场可视为交变的均匀场,散射体在这样的场中极化,光的散射可以用激发偶极振子的理论来解释。由偶极子出射光波的偏振方向,是偶极子振动方向在观测平面上的投影方向;当入射光是自然光时,在垂直于入射光的方向上,散射光是线偏振的。

6.9.2 蓝天和落日的实验模拟

实验装置原理图如图 6-30 所示。实验时使用长宽比较大的透明玻璃水槽。为了观察效果更好,可以考虑在入射和出射光路上加入透镜。

首先将透明玻璃水槽按长度方向放置在光路中,即光通过水槽的路径较长。

在透明玻璃水槽中倒入硫代硫酸钠溶液,之后用玻璃棒引流(或者用滴管也可以),在溶液中缓缓加入稀盐酸(硫代硫酸钠与稀盐酸的比例一般控制在 10∶2,也可根据实际演示效果做调整),并轻轻搅拌混合溶液。

硫代硫酸钠与稀盐酸反应,在溶液中缓慢产生不溶于水的固态硫分子。

$$Na_2S_2O_3(aq)+2HCl(稀)=\!=\!=SO_2(g)+S(s)+2NaCl(aq)+H_2O$$

由于溶液较稀,开始时只有少量的硫分子,其颗粒线度小于光波长,满足瑞利散射的条件;随着化学反应过程的持续,硫分子的浓度不断增大,对光的散射也不断增强。接着多个硫分子聚结成不溶于水的硫颗粒,其线度接近和大于光波长,从而产生米氏散射。

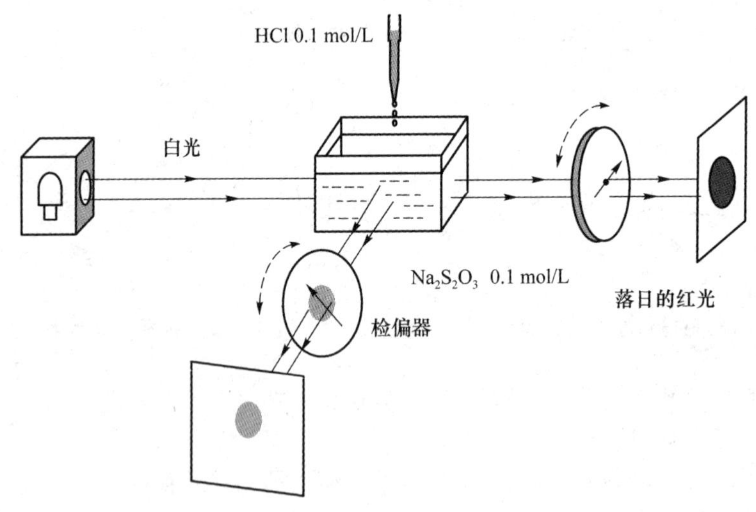

图 6-30 散射实验光路图

讨论

实验过程中,观察并思考如下问题:

1) 在加入稀盐酸前,从侧面观察白光通过透明玻璃水槽时的现象。

2) 加入稀盐酸,从侧面能观察到光通过溶液的路径吗?玻璃水槽中的液体呈什么颜色?瑞利散射理论的结论是否能得到验证?

3）透过起偏器从侧面观察水槽，转动起偏器，光强有变化吗？改变观察方位，又有什么变化？请解释观察到的现象。

4）观察白光透过水槽后，照射在观察屏上的光斑。可以在观察屏上看到的光斑颜色是？在观察屏前加入起偏器，转动起偏器，观察到什么现象？请解释观察到的现象。

5）随着反应时间的增加，水槽中溶液的颜色有什么变化？观察屏上光斑的颜色有什么变化？请解释观察到的现象。

6）如果将水槽转 90°放置，即入射光在厚度方向穿过水槽，实验现象又会有什么变化。

第 7 章　迈克尔逊干涉仪的调整及白光干涉观察

迈克尔逊干涉仪是光学干涉仪中最常见的一种,能完成一些基本的干涉实验 ,并可在高精度条件下进行一些有趣的特殊测量,其中一项重要测量就是基于纳米尺度的测量。其发明者迈克尔逊用它首次系统研究了光谱线的精细结构,并且用它在标准米尺与谱线波长之间做了直接比较。

当然,要实现精密测量,需要对仪器做非常精细的调节。在这一章,我们将要认识迈克尔逊干涉仪, 首先学习如何使用这种精密的仪器,随后利用它完成一些非常重要的测量。

7.1　实验目的与主要实验器材

7.1.1　实验目的

① 熟悉迈克尔逊干涉仪的结构,掌握基本调节方法;

② 使用迈克尔逊干涉仪进行一些简单的测量。

7.1.2　主要实验器材

① 迈克尔逊干涉仪。

本实验采用的平台式迈克尔逊干涉仪,分光板和补偿板的直径为 80 mm,补偿板的角度可调;动镜和定镜的直径为 40 mm,平整度达到 $\lambda/20$;动镜移动范围为 25 mm,采用数显螺旋测微器读取动镜位置数据;进光口带有多层膜 IR 滤光镜。

② 激光光源:半导体激光器。

③ 光谱灯:钠灯, 汞蒸汽灯。

④ 白光光源:碘钨灯。

⑤ 干涉滤光片(适用于汞灯的黄光波长:578.0 nm)。

⑥ 聚光镜,直径 80 mm。

⑦ 投影镜,直径 80 mm,焦距分别为+150 mm、+200 mm 和+500 mm。

注意

- 千万不要正视激光,更不要将激光射向旁边的同学;
- 迈克尔逊干涉仪是一种精密、昂贵、易碎的仪器。特别是,镜子的平整度和抛光精度约为 10 nm,所以,千万不要用手触碰镜面!
- 必须轻柔地使用旋钮和螺钉,尤其是:如果旋钮和螺钉卡住,一定不要蛮拧!

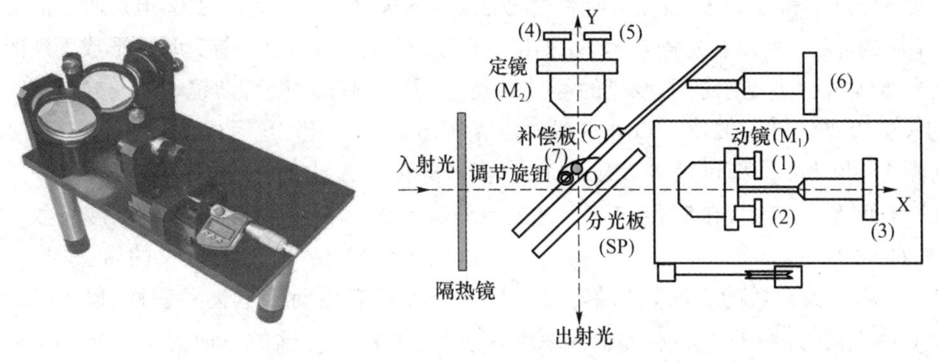

图 7－1　迈克尔逊干涉仪结构原理和实物图

7．2　迈克尔逊干涉仪

7.2.1　工作原理

相关理论

迈克尔逊干涉仪光路原理图如图 7－2 所示，从光源 S 发出的一束光强为 I_0 的光照射在分光板 SP 上，被分光板分为两部分，一部分从 SP 的半反射膜处反射，射向平面镜 M_2，另一部分从 SP 透射，射向平面镜 M_1。因 SP 和全反射平面镜 M_1、M_2 均成 45°角，所以两束光均垂直照射到 M_1、M_2 上。从 M_2 反射回来的光到达 SP，其中一部分透过 SP 的半反射膜射向观察屏 E 处，从 M_1 反射回来的光到达 SP，一部分被 SP 的半反射膜反射后射向观察屏 E 处，这两束光的频率相同、振动方向相同且相位差恒定（即满足干涉条件），因此能够在 E 处观察到干涉条纹。反射镜 M_2 是固定的，M_1 可以在精密导轨上前后移动，以改变两束光之间的光程差。

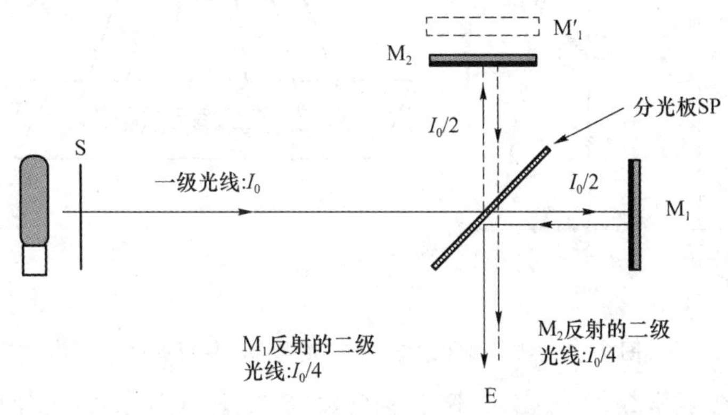

图 7－2　迈克尔逊干涉仪光路原理图

（1）干涉条纹的空间分布

干涉条纹是等光程差点的轨迹，因此，要分析某种干涉产生的图样，就需求出相干光的光程差位置分布的函数。事实上，分光板 SP 实现对一级光线的分光，从分光板出来的光先后经

过平面镜 M_1、M_2 和分光板 SP 后，沿着相同的路径从迈克尔逊干涉仪射出，但是通常情况下已经走过了不同的光程。所以有光程差 δ，两条出射光线发生干涉并且在干涉区域中形成干涉图像。

点光源入射到迈克尔逊干涉仪的等效光路如图 7－3(a)所示，动镜 M_1 经分光板 SP 后成像为 M_1'，从迈克尔逊干涉仪入口处入射的点光源 S 经分光板 SP 后成像为 S'，再经 M_2 和 M_1' 分别成像为 S'_1 和 S_2'，即可以等效成两个点光源 S_1' 和 S_2' 发出的光在空间发生的干涉。

对于空间某一点 P，在满足 $S_1'P-S_2'P=k\lambda, k=0,1,2\cdots$ 条件下，出现干涉亮纹；在满足 $S_1'P-S_2'P=(2k+1)\lambda/2, k=0,1,2\cdots$ 条件下，出现干涉暗纹；即干涉条纹的轨迹是与两个点 S_1' 和 S'_2 距离差为常数的空间点的集合，这是一个旋转双曲面。不失一般性，以 S_1' 和 S_2' 连线方向为 y 轴方向，连线的中心点为坐标原点，纸面上垂直于 y 轴的方向为 x 轴方向，垂直纸面方向为 z 轴方向，建立直角坐标系，得到干涉条纹的空间分布函数：

$$\frac{y^2}{\left(\frac{\Delta L}{2}\right)^2}-\frac{x^2+z^2}{\left(\frac{\Delta L}{2}\right)^2-d^2}=1 \tag{7.1}$$

其中，d 为 M_2 和 M_1' 之间的距离，$\Delta L=S_1'P-S_2'P$ 为光程差。

考虑几个特殊位置：

1) $y=$常数。在 ΔL、d 不变(为常数)情况下，干涉条纹的空间分布函数为圆的方程，其物理含义就是干涉条纹在 $x-z$ 平面的投影是圆，如图 7－3(b)所示。

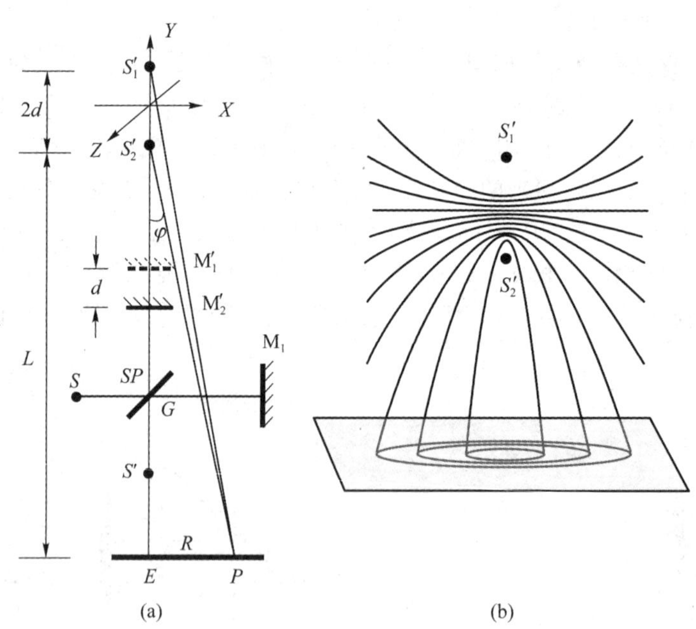

图 7－3　点光源非定域干涉，M_1' 与 M_2 平行的情况

2) $x=$常数或 $z=$常数。在 ΔL、d 不变(为常数)情况下，干涉条纹的空间分布函数为双曲线的方程，其物理含义就是干涉条纹在 $x-y$ 平面或 $z-y$ 平面的投影是双曲线。

3) 若屏垂直于 S_1' 和 S_2' 对分线(z 轴或 x 轴)，屏很远且 d 很小时，在 z 轴或 x 轴附近(y 很小)干涉条纹的空间分布函数为两个直线方程，即可以观察到直线条纹，类似于杨氏双孔干涉。

因此，根据干涉条纹的空间分布函数可以推知，两面平面镜相对位置不同，在某一平面观察到干涉条纹可能是平行条纹或者同心圆环(或者其他情况：比如在调节没有完成的情况下是

椭圆或者双曲线的一部分)。

(2) M_1'与 M_2 平行

如图 7－3 所示,M_2 平行于 M_1'且相距为 d。点光源 S 发出的一束光,对 M_2 来说,正如 S' 处发出的光一样,即 $SG=S'G$,而对于在 E 处观察的观察者来说,由于 M_2 的镜面反射,S'点光源如处于位置 S_2'处一样,即 $S'M_2=M_2S'_2$,又由于半反射膜 SP 的作用,M_1 的位置如处于M_1'的位置一样。同样对 E 处的观察者,点光源 S 如处于 S_1'位置处。所以 E 处的观察者所观察到的干涉条纹,犹如虚光源 S_1'、S_2'发出的球面波,它们在空间处处相干,把观察屏放在 E 空间不同位置处,都可以见到干涉图像,所以这一干涉是非定域干涉。

如果把观察屏放在垂直于 S'_1、S'_2 连线的位置上,则可以看到一组同心圆,而圆心就是 S'_1、S_2'的连线与屏的交点 E。设在 E 处($ES_2'=L$)的观察屏上,离中心 E 点远处有某一点 P,EP 的距离为 R,则两束光的光程差为:

$$\Delta L=\sqrt{(L+2d)^2+R^2}-\sqrt{L^2+R^2}$$

$L\gg d$ 时,展开上式并略去 d^2/L^2,则有:

$$\Delta L=2Ld/\sqrt{L^2+R^2}=2d\cos\varphi$$

式中,φ 是圆形干涉条纹的倾角。所以亮纹产生的条件为:

$$2d\cos\varphi=k\lambda,\ 其中\ k=0,1,2\cdots \tag{7.2}$$

由上式可见点光源非定域干涉条纹的特点是:

1) 当 d、λ 一定时,φ 角相同的所有光线的光程差相同,所以干涉情况也完全相同,对应于同一级次,形成以光轴为圆心的同心圆环。

2) 当 d、λ 一定时,如 $\varphi=0$,干涉圆环就在同心圆环中心处,其光程差为最大值,根据明纹条件,其 k 也为最高级数。如 $\varphi\neq0$,φ 角越大,则 $\cos\varphi$ 越小,k 值也越小,即对应的干涉圆环越往外,其级次 k 也越低。

3)当 k、λ 一定时,如果 d 逐渐减小,则 $\cos\varphi$ 将增大,即 φ 角逐渐减小,也就是说,同一 k 级条纹,当 d 减小时,该级圆环半径减小,看到的现象是干涉圆环内缩(吞);如果 d 逐渐增大,同理,看到的现象是干涉圆环外扩(吐)。对于中央条纹,当内缩或外扩 N 次,则光程差变化为 $2\Delta d=N\lambda$,式中 Δd 为 d 的变化量,所以有

$$\lambda=2\Delta d/N$$

4) 设 $\varphi=0$ 时最高级次为 k_0,则

$$k_0=2d/\lambda$$

同时在能观察到干涉条纹的视场内,最外层的干涉圆环所对应的相干光的入射角为 φ',则最低的级次为

$$k'=\frac{2d}{\lambda}\cos\varphi'$$

所以在视场内看到的干涉条纹总数为

$$\Delta k=k_0-k'=\frac{2d}{\lambda}(1-\cos\varphi')$$

当 d 增加时,由于 φ'一定,所以条纹总数增多,条纹变密。

5) 当 $d=0$ 时,则 $\Delta k=0$,即整个干涉场内无干涉条纹,见到的是一片明暗程度相同的视场。

6) 当 d、λ 一定时,相邻两级条纹有下列关系

$$2d\cos\varphi_k = k\lambda$$

$$2d\cos\varphi_{k+1} = (k+1)\lambda$$

设 $\bar{\varphi}_k \approx \frac{1}{2}(\varphi_k + \varphi_{k+1})$,$\Delta\varphi_k = (\varphi_{k+1} - \varphi_k)$,且考虑到 $\bar{\varphi}_k$、$\Delta\varphi_k$ 均很小,则可证得

$$\Delta\varphi_k = -\frac{\lambda}{2d\,\bar{\varphi}_k}$$

式中,$\Delta\varphi_k$ 称为角距离,表示相邻两圆环对应的入射光的倾角差,反映圆环条纹之间疏密程度。上式表明 $\Delta\varphi_k$ 与 $\bar{\varphi}_k$ 成反比关系,即环条纹越往外,条纹间角距离就越小,条纹越密。

7) 研究当 φ 变化时 k 变化情况,也可通过对式(7.2)针对 φ 和 k 求微分得到:

$$\frac{\mathrm{d}k}{\mathrm{d}\varphi} = -\frac{2\mathrm{d}\sin\varphi}{\lambda} \tag{7.3}$$

$\mathrm{d}k/\mathrm{d}\varphi$ 的物理含义就是单位角度内的条纹数,反映了条纹的疏密程度。由此可以得到:

- $\mathrm{d}k/\mathrm{d}\varphi \propto \sin\varphi$,$\varphi \in [0,\pi/2]$:$\varphi$ 增加时 $\sin\varphi$ 增大,条纹外(边缘)密,中心疏;
- $\mathrm{d}k/\mathrm{d}\varphi \propto d$:$d$ 减少时,条纹变疏变少,反之变密变多;
- $\mathrm{d}k/\mathrm{d}\varphi \propto 1/\lambda$:照明光源波长短时,条纹密,照明光源波长长时,条纹疏。

对于扩展光源,当两面平面镜严格垂直时,单色光源会形成同心圆的等倾干涉条纹,并且条纹定域在无穷远处。如果调节其中一个平面镜使两束光的光程差逐渐减少,则条纹会向中心亮纹收缩,直到两者光程差为零而干涉条纹消失。若两个平面镜不严格垂直且光程差很小时,在面光源照明时会形成定域的等厚干涉条纹,等价于劈尖干涉的等距直条纹。

(3) M_1' 与 M_2 不平行

设 M_1' 和 M_2 不平行,两者之间有一个很小的角度 α,如图 7-4 所示。则 S_1' 与 S_2' 的连线,与观察屏不垂直,当屏很远且 d 很小时,屏幕上会观察到直条纹。

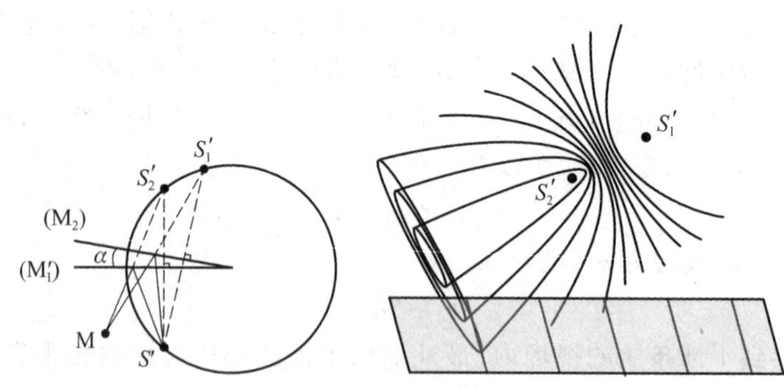

图 7-4 点光源非定域干涉,M_1' 与 M_2 不平行的情况

在图 7-2 的光路中,M_1' 是 M_1 被 SP 半反射膜反射所形成的虚像。对位于 E 处的观察者而言,两相干光束等价于从 M_1' 和 M_2 反射而来,迈克尔逊干涉仪所产生的干涉图像就如同 M_2 与 M_1' 之间的空气膜所产生的干涉花纹一样。如 M_1' 与 M_2 平行,可视作折射率相同、厚度相同的薄膜;如 M_1' 与 M_2 相交,可视作折射率相同、夹角恒定的楔形薄膜。

在点光源前加一个凸透镜,使点光源位于透镜焦点位置。这种情况下,以平行光入射(相当于光源 S 被放置在无穷远处)。一级光束 $S_\infty M$ 最终通过 M_1' 和 M_2 反射两束二级光束,两束光在 M_1' 表面发生干涉,得到的干涉条纹为由楔形空气薄层产生的等厚干涉条纹。

设水平方向为 x 轴，如图 7-5 所示，在 M 点两束光的光程差为（折射率 $n=1$）：

$$\Delta L(M)=(S_{\infty}M+MJ_2+J_2M)-S_{\infty}M=2MJ_2$$

$$\Delta L(M)=2x\tan\alpha\approx 2x\alpha$$

形成明纹的条件为：

$$\Delta L(M)=2x\alpha=k\lambda$$

两个相邻的明纹或暗纹之间的距离

$$\Delta x=\lambda/(2\alpha)$$

劈尖夹角 α 越小，干涉条纹之间距离越大。

图 7-5　等厚干涉

7.2.2　主要结构

图 7-6 是迈克尔逊干涉仪实物和原理结构图，本实验使用的迈克尔逊干涉仪上，装有隔热镜和补偿板。

（1）隔热镜

光源 S 发出的光中一般含有红外成分（特别是白光光源），对迈克尔逊干涉仪有加热作用，可导致反射镜受热变形，会影响到实验现象的观测，隔热镜 AC 的作用正是为了消除光源中的红外线。

（2）补偿板

平面镜一般是由一块玻璃在其表面镀一层金属制成，整个厚度有几毫米，分光板 SP 也不例外。由图 7-6 可知，M_1 方向的光线在到达观察屏之前三次通过分光板 SP，而 M_2 方向的光线则只通过一次。对于单色光而言只需调节平面镜的位置即可消除这个光程差；但对于复色光而言，在分光板介质内不同波长的光产生的光程差也不一样（光程差 $n_{\lambda}L$ 与折射率有关，而不同波长的光折射率也不一样），因此需要在 M_2 方向的光路中放置一块材料和厚度与分光板完全相同的补偿板 C，和分光板 SP 平行放置，如此可消除分光板厚度带来的影响。

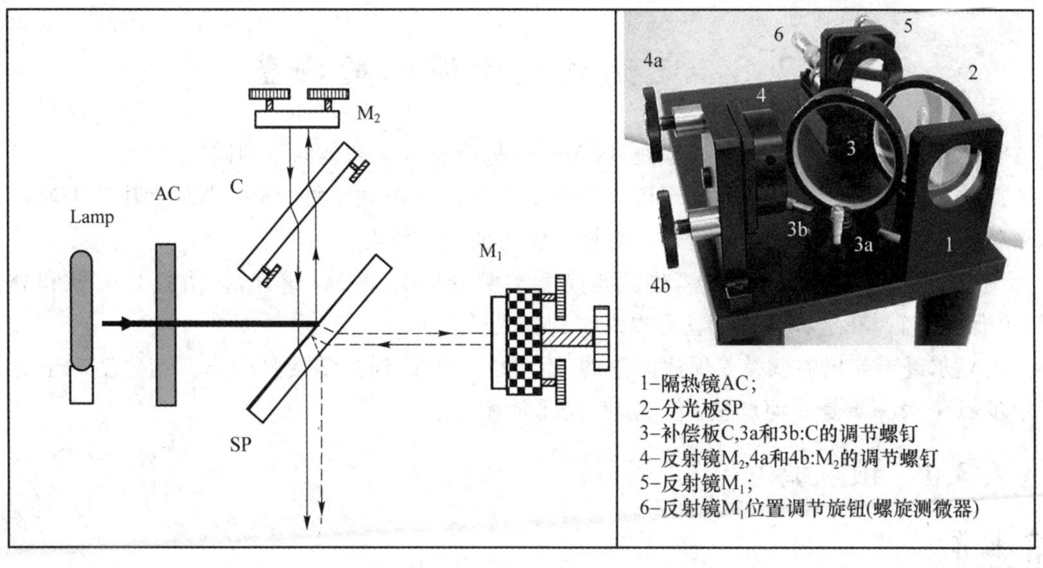

图 7-6　迈克尔逊干涉仪实物结构图

(3) 光学品质要求

在迈克尔逊干涉仪中,两个平面镜和补偿板都要求必须有很高的光学品质:

1) 为了得到尽量准直的干涉条纹,比如要求条纹间距为 1/10 毫米的量级,对平面镜要求必须达到波长 λ 的 1/20 的平整度(在一次反射中误差将被放大两倍),以平均波长 500 nm 计算,要求平整度为 25 nm。

2) 对于补偿板 C 也是一样,厚度必须足够均匀,一般要求也是 $\lambda/20$,就是 25 nm。

7.2.3 基本调节机构

(1) 平面镜方向的调节装置

首先需要对平面镜 M_1 和 M_2 精确调整,使它们尽可能互相垂直。

这一点可以借助于两个用螺钉调节的系统实现,一组是作用于可移动平面镜上的粗调系统,另一组是通过弹簧与固定平面镜连接的细调系统:螺钉 4a 和 4b。所有这些螺钉的调节都要小心谨慎,要根据需要小心地慢慢进行。

(2) 平面镜 M_1 位置的调节装置

实验时需要调节 M_1 的位置,本装置可以在 μm 的数量级上手动或自动地精确移动平面镜 M_1,所有这些都必须保证平面镜的平行性:

1) 手动调节:调整与 M_1 相连的螺旋测微器装置,该装置上面有刻度和数字显示,可以读出移动的相对距离;注意手动调节时,首先需要把螺旋测微器装置与马达分离。

2) 自动调节:可以用一个转动缓慢且均匀的马达实现自动调节,马达大约一小时转四周,也就是一分钟内可以使平面镜 M_1 移动大约 30 μm。

总之,由于迈克尔逊干涉仪由具有很高光学品质的光学器件和精密的机械结构一起构成(所以很贵),因此要求非常小心地使用迈克尔逊干涉仪以保证它的工作效能。如果非常小心,它就能拥有更长的寿命,供更多的同学使用。

7.3 迈克尔逊干涉仪的调整

仪器调整完成时最好请老师检查:因为你的标准有可能和他的不相同。

此外,如果你进入实验室,发现迈克尔逊干涉仪已经被调整好,那就请你使其处于通常的未调整状态,自己再重新调整好,这是对操作能力的很好练习。

调整的目标是达到零光程差,也就是光学接触,即 M_1' 和 M_2 重合,补偿板 C 需要和分光板 SP 保持平行,在这种状态下就可以观察到白光的干涉。

迈克尔逊干涉仪的调整是循序渐进的,不可能一下达到光学接触状态。调整实际上分成两个步骤:第一步是几何调整;第二步就是干涉调整。

7.3.1 预　调

操作

(1) 检查所有的螺钉是否都在中间位置。如果不是,将它们调到中间位置。这将方便此后对螺钉的拧动和固定。

(2) 检查补偿板 C 和分光板 SP 是否平行。如果不是，尽可能使它们平行。可以通过转动纵向旋转调节旋钮和横向旋转调节旋钮实现这个目的。

(3) 不要触摸镜面。可以在仪器上放置诸如一张纸来检查平面镜 M_1 和 M_2 与分光镜 SP 之间距离是否相等，这个调整的精度范围可以达到 2～3 mm 左右。

7.3.2 粗　调

操作

第一步利用激光，这是最简单快捷的办法之一。一方面激光的光束非常细，而且可见性好；另一方面它的相干长度也很长。所以使用激光迅速得到干涉图像是一件比较简单的事情，剩下的就是利用这些图像进行更精细的调整。

按图 7－7 所示，放置好激光器，调整高度和方向使得光线可以到达两平面镜 M_1 和 M_2。可以用一块半透的光屏进行检查，如果装置调整得不错的话，光线的一部分（很弱但是可见）将被反射到激光器的出射点。

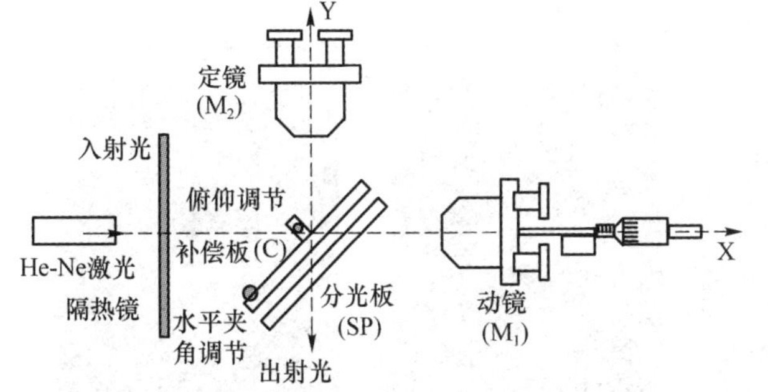

图 7－7　迈克尔逊干涉仪的调整

在光屏 E 上可以看见两个系列的光点。它们不仅由平面镜 M_1 和 M_2 反射得来，而且也来自补偿板 C 和分光板 SP 的前后面反射（如果这样的话会看见两组光斑），如图 7－8 所示。

调整三对螺钉（首先是补偿板 C 的螺钉，其次是平面镜 M_1 的粗调螺钉，最后是平面镜 M_2 的细调螺钉），使得两行光点尽量集中，并且选取两个亮度最大的光斑。

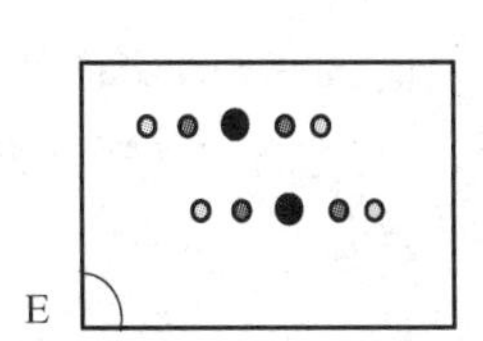

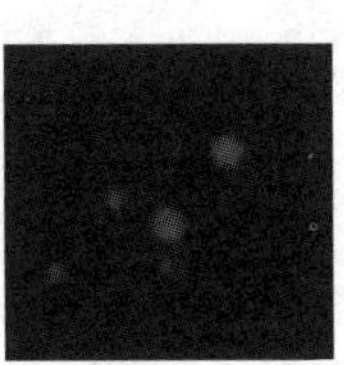

图 7－8　反射光斑

继续仔细调整平面镜 M_1 的螺钉，使两个亮度最大的光斑重合。此时，将扩束镜装到激光器上，应该就可以观察到干涉条纹了。

7.3.3 细　调

操作

利用观察到的干涉图像，可以对迈克尔逊干涉仪进行细调。

为了便于观察,照射到平面镜的光束应该比较大,这样可以保证在每种角度的情况下,都有足够多的光线。

(1) 激光器调节

1) 在激光的出射点加入一个扩束镜(显微镜的物镜,×10),使得光束分散开来;

2) 在距离迈克尔逊干涉仪约一米的位置放置观察屏;

3) 保证两个平面镜被很好地照亮:用一个小的方块纸进行检测,仔细调整激光的高度和方向,以满足要求。

此时,在观察屏屏上可以观察到同心环的一部分,或者一个中心不是非常正的同心圆,如图 7-9 所示。

讨论

思考:如果在观察屏上看到的是直线或双曲线状条纹,此时两个反射镜之间的位置关系应该是怎样的?

____

____

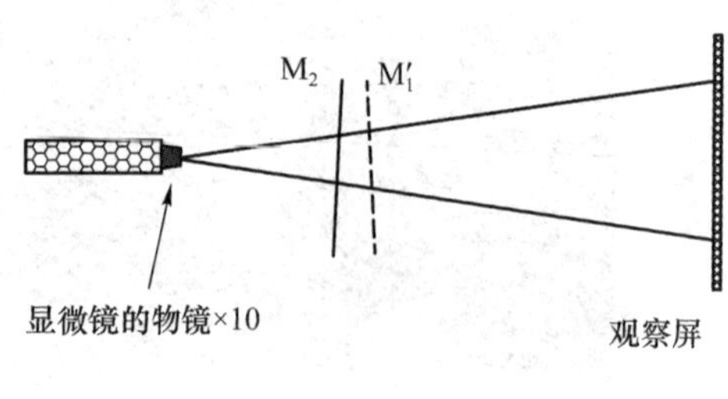

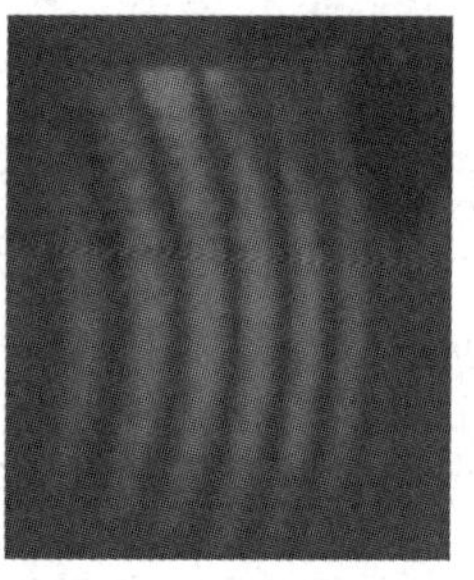
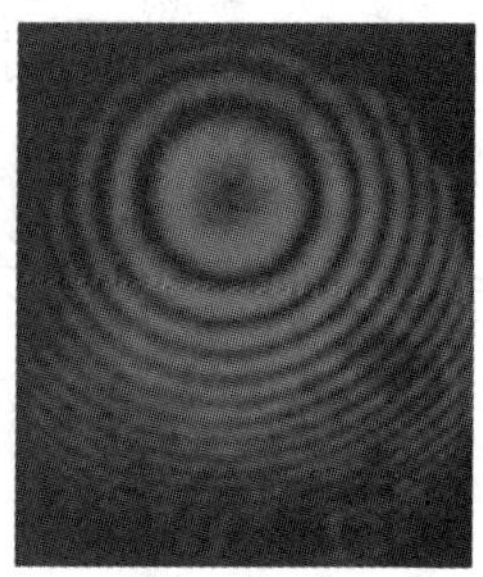

图 7-9 利用激光器产生干涉条纹

4) 移动平面镜 M_1 使得条纹间距增大,或者使同心圆向中心收缩。

当条纹的形状发生反向时,光程差为零。

5) 重新返回这个位置。

(2) 调整补偿板 C 和分光板 SP 的平行性

调节平面镜 M_2 上的细调螺钉,以减小两平面镜 M_1' 和 M_2 之间的角度,这样便可以使得光屏上的条纹间距达到最大。通常情况下,观察到的将是竖直方向和水平方向两轴不尽相同的同心椭圆环,如果观察到双曲线,轻轻地增大光程差同心圆环便会出现。

讨论

思考:为什么会观察到双曲线?

____

____

通过非常仔细地调节补偿板 C 和分光板 SP 的平行性以保证椭圆变成圆:横向旋转调钮可以把椭圆的长轴调整到竖直位置,纵向旋转调节钮的调整使椭圆变成圆,如图 7-10 所示。

如果调整没有问题:

1) 当移动 M_1 的时候,环的中心不发生移动。

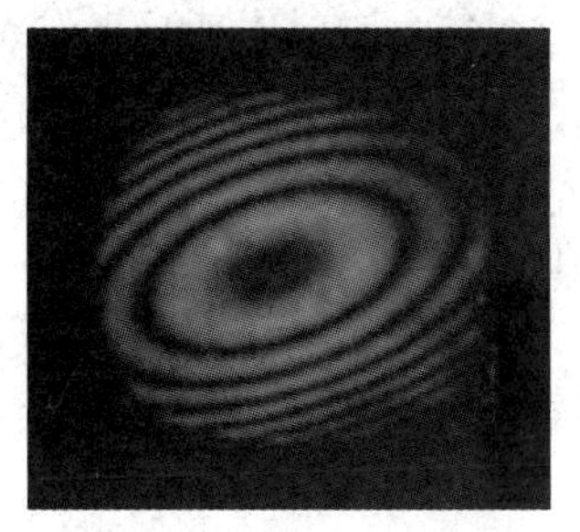
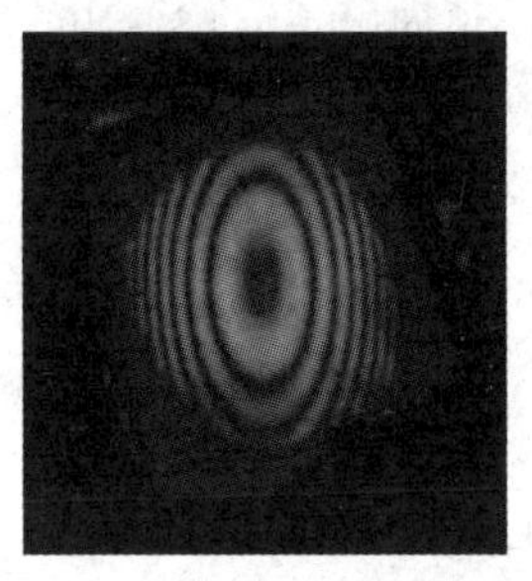
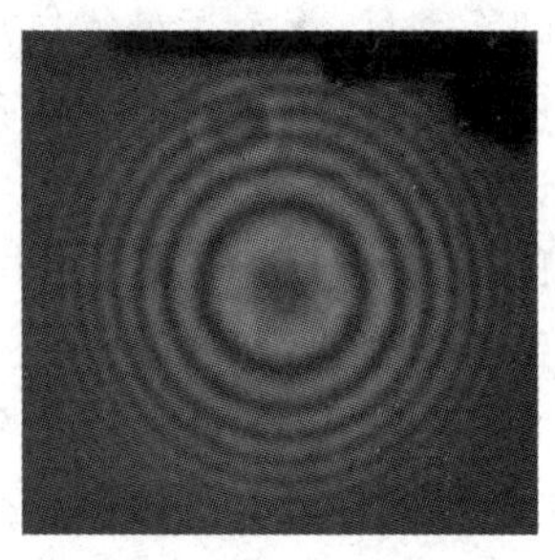

图 7-10　调节补偿板 C 位置引起干涉圆环形状的变化

2) 在调节过程中，当通过光学接触位置之时，同心圆的圆心不变(使同心圆环收缩，通过光学接触位置，继续沿相同方向移动 M_1，圆环又重新出现；在所有的调整都没有错误的情况下圆心位置依然不变)。

3) 继续移动平面镜 M_1 使得光屏上出现整块的光亮(调整过程中，同心环依然保持圆形，从中心慢慢消失)。

这时迈克尔逊干涉仪已经调整好了：两个平面镜 M_1' 和 M_2 处于光学接触状态：二者距离为零，所成的夹角也为零。

建议 1：把调整后的结果给老师看：也许其中有些没有发现的失误。

建议 2：破坏已做好的调整，重新调整迈克尔逊干涉仪。

提示："当同心环从中心消失(吞入)的时候，两个平面镜 M_1' 和 M_2 之间的距离变小"。事实上，根据课上所学，空气膜两平行面之间的光程差可以写作 $\Delta L = 2d\cos\varphi$。当看着这些环时，由于生理反射，眼睛会自动地把注意力集中于一圈特殊的环，而这个环对应的就是一个特定的光程差；这个环向中心收缩时也就意味着角半径 φ 减小，所以 $\cos\varphi$ 增大，总体来说是 d 减小。

7.4　钠灯的干涉现象观察

既然迈克尔逊干涉仪已经调整好了，就可以利用它完成一些比较简单的实验(在以后的实验中会完成一些更加精细复杂的实验)。

7.4.1　钠灯等倾干涉

虽然钠灯产生的光线相对来说也是单色的，但是相比于激光，它的相干长度要小得多。实际上钠灯产生的光，主要包含两种波长非常接近的黄色光。

(1) 观察钠灯的等倾干涉

操作

点亮钠灯，预热几分钟使之有足够的亮度。

此时光源并非点光源，所以，根据理论课上的介绍可知，干涉条纹是在一个特定的区域上的(定域干涉)。事实上，干涉是由同一条一级光线产生的两条二级光线在无穷远处相交，干涉区域在无穷远处。也正是因此，需要在无穷远处的观察屏上观察干涉条纹，或者用一个大焦距透镜把它会聚到焦平面上。当然，人的眼睛相当于一个凸透镜，在眼睛肌肉完全松弛时，可以聚焦到无穷远(无穷远处物体成像在视网膜上),因此也可以迎着光线(注意,不能直视强光,以免灼伤眼睛!),直接观察干涉条纹。

请完成下面的调节:

1) 在钠灯后(图 7-11 中钠灯右侧)放置一个可变光阑,在光阑后放置一个聚光镜,把钠灯发出的光聚焦到反射镜上。

2) 在出射光路中放置一个大焦距(大约一米)透镜,在透镜后焦平面附近放置一个观察屏,使得在观察屏上可以观察到同心环。

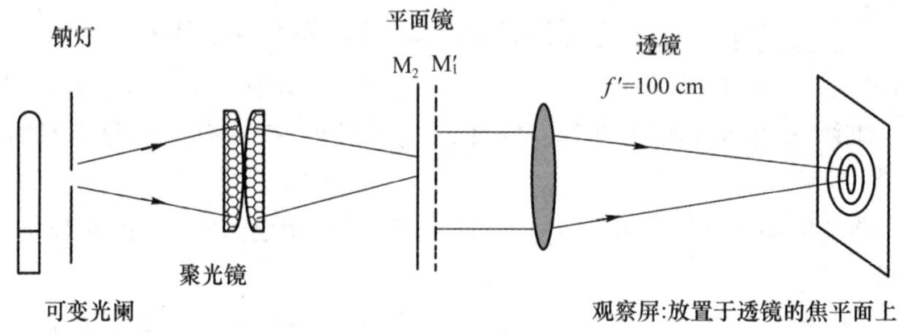

图 7-11 钠灯等倾干涉原理示意图

讨论

思考: 如果 M_1 和 M_2 距离分光镜的距离差别很大,还能看到干涉条纹吗?为什么?

3) 小心调节动镜,观察同心干涉圆环的吞吐。

也可能出现环不是很圆的情况,那就表明仍需要用前面所讲的方法转动横向、纵向旋转轴来调整补偿板和分光板的平行性,如图 7-12 所示。

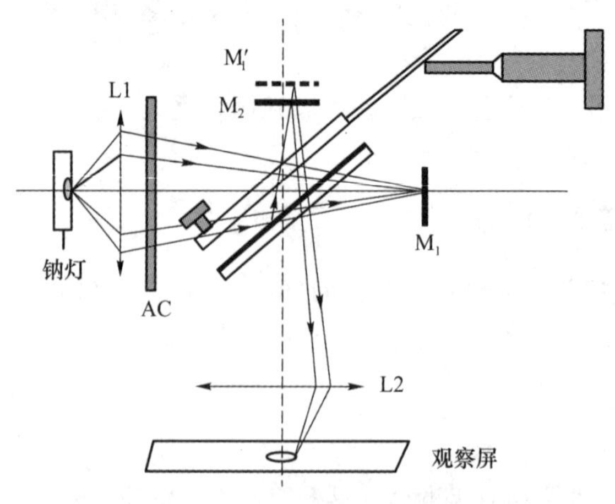

图 7-12 钠灯等倾干涉光路

(2) 钠黄光谱线宽度测量

操作

设钠灯双黄谱线的波长分别为 λ_1 和 λ_2，平均波长 $\lambda_m=(\lambda_1+\lambda_2)/2=589.3\ \text{nm}$，波长差 $\Delta\lambda=\lambda_2-\lambda_1$。由于钠灯黄色光谱是一种双重线光谱，且两条谱线的强度相近，每一个波长的光都形成自己的一套干涉圆环。当 M_1' 和 M_2 之间的距离 d 为某些特定值时，两套干涉条纹正好重合，这时候衬比度将非常好；反之，当 d 为另外一些特定值时，两套干涉条纹不能重合，这时候衬比度将非常小，甚至为零。

在光程差为 δ 的位置，λ_1 产生的 p_1 级亮纹而 λ_2 产生 p_2 级暗纹，则叠加后衬比度最低，反之亦然；此时 $p_1=\delta/\lambda_1$ 和 $p_2=\delta/\lambda_2$ 之间的关系为

$$p_1-p_2=n+\frac{1}{2}\quad n\in\mathbb{Z}$$

如果在圆环中心附近观察，倾角 $\varphi\approx 0$，光程差 $\delta=2d\cos\varphi\approx 2d$，有

$$\frac{2d}{\lambda_1}-\frac{2d}{\lambda_2}=n+\frac{1}{2}\approx\frac{2d\Delta\lambda}{\lambda_m^2}$$

$$d=\frac{(2n+1)\lambda_m^2}{4\Delta\lambda}\tag{7.4}$$

定镜位置固定，动镜在出现两次衬比度最低位置差：

$$\Delta E=x_{n+1}-x_n=d_{n+1}-d_n=\frac{\lambda_m^2}{2\Delta\lambda}\tag{7.5}$$

为常数。

操作

1）调节迈克尔逊干涉仪，出现等倾干涉圆环；调节动镜到零光程差（光学接触）位置。

2）从零光程差开始，渐渐增大光程差，同心圆环不停地从中心吐出，此时可以观察到同心圆环出现一些周期性的清晰和模糊之间变化的状况，而且衬比度也渐渐变小。到最后大约经过 5～6 次这样的状况后，将很难确定这些模糊与清晰之间的过渡。连续记录 6 次衬比度最低时动镜的位置 x_n。

3）比较连续两次衬比度最低位置之间，动镜的位置差 ΔE 是否为常数。

处理

4）在图 7－13 的坐标纸上画出 $x_n \rightarrow n, n\in[1,6]$ 曲线，可以得到斜率为 $\frac{\lambda_m^2}{2\Delta\lambda}$ 的直线，由此可以求得 $\Delta\lambda$ 的值。

结论：$\Delta\lambda=$________

（3）钠灯相干长度测量

在上一步实验中，继续移动动镜直至干涉圆环不再可见，记录此时动镜的位置 x_2；反向移动动镜，又能看到干涉圆环衬比度周期性变化现象，继续移动动镜，直至在光学接触的另一侧再次观察到干涉圆环不再可见，记录此时的动镜的位置 x_1；证明相干长度：

$$\ell_c\approx|x_2-x_1|$$

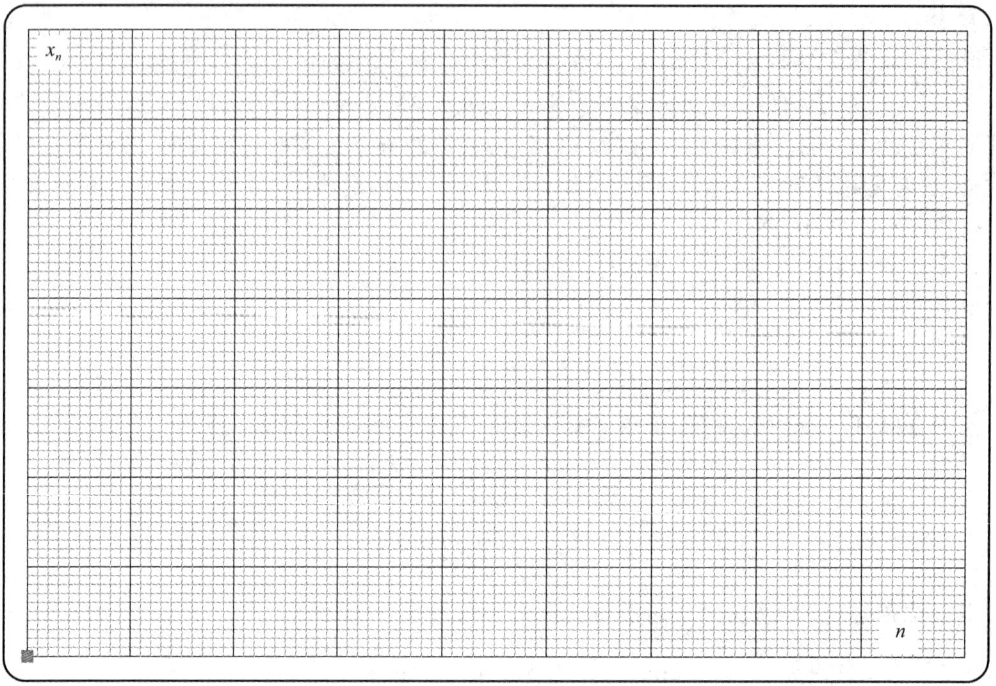

图 7-13 x_n—n 关系曲线图

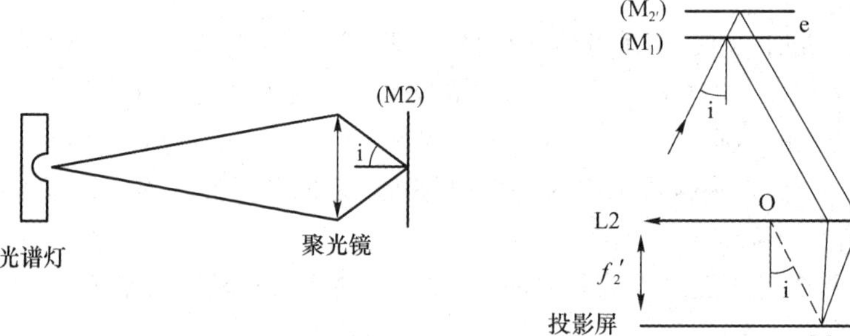

图 7-14 钠灯等倾干涉

(4) 等倾干涉空气膜的厚度测量

从零光程差位置开始调整装置,使得同心环可见性最好(初比度最好)。测量 5 个环的半径 R,画出 R_m^2 关于 m 的函数图像。其中 m 是所测量圆环与中心环的干涉级数差。

$$\Delta L(\varphi)=2d\cos\varphi=k\lambda$$

对于环上的亮条纹 φ 非常小,有

$$\Delta L(\varphi)=2d\left(1-\frac{\varphi^2}{2}\right)=k\lambda \tag{7.6}$$

当 $\varphi=0$(假设中心是亮的):

$$\Delta L(0)=2d=k_0\lambda \tag{7.7}$$

式(7.6)-式(7.7)可得:

$$\Delta L(\varphi)-\Delta L(0)=d\varphi^2=(k_0-k)\lambda=m\lambda$$

由 $\varphi\approx R_m/f_2'$可得：

$$R_m^2=\frac{m\lambda f_2'^2}{d} \tag{7.8}$$

1）请在图 7-15 的坐标图中画出 $R_m{}^2$关于 m 的函数的曲线。

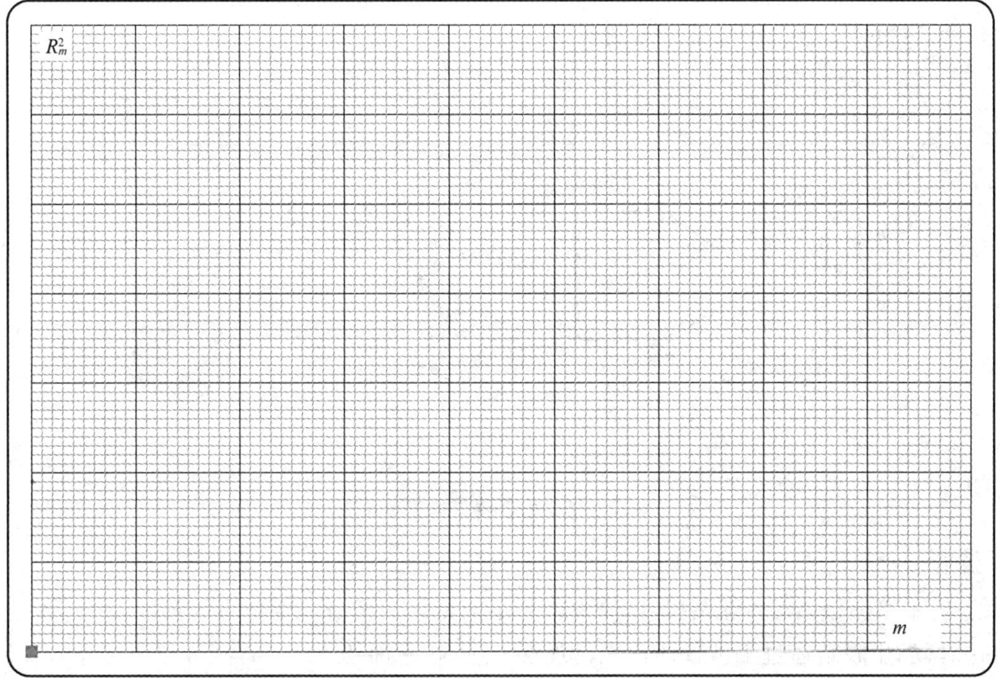

图 7-15　$R_m{}^2$— m 关系曲线

2）推断出这个实验中的空气膜的厚度 d。

7.4.2　钠灯等厚干涉

（1）光路的搭建与调节

操作

完成下面的调节：

1）在上一个实验的装置基础上，往后移动聚光镜，使照射到迈克尔逊干涉仪的光为平行光，如图 7-16(a)所示。

2）反射镜平行度的粗调：增加可变光阑的口径(约 1 厘米)。在光源和可变光阑之间放置一张纸以降低光源亮度，用眼睛通过干涉仪的出光口观察，可以看到两个可变光阑通光孔的像。调整反射镜螺钉以尽可能精确地使两个图像重合，如图 7-16(b)所示。

讨论

思考 1:为什么能看到两个像?因为调整了什么参数才使两个像重合?为什么要调整两个像并使其重合?

____

____

思考 2:为什么直接用眼睛进行观察?

____

____

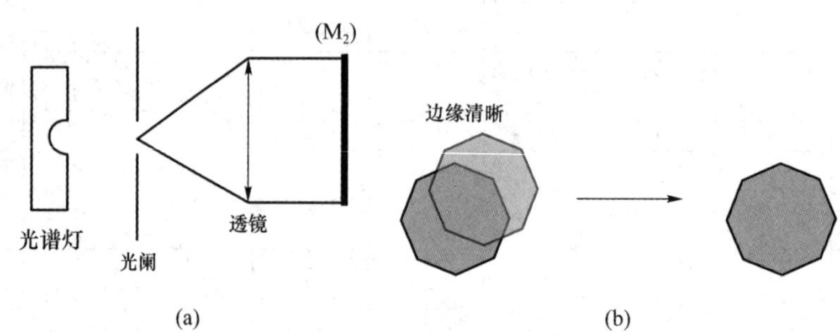

图 7-16 钠灯等厚光路粗调

操作

3) 转动平面镜 M_1 的细调螺钉,使得两个平面镜之间形成一个很小的角度。

这时候,用眼睛通过干涉仪的出光口观察,可以在平面镜 M_2 上看到等厚干涉条纹。利用短焦距(比如 20 cm)的凸透镜,在观察屏上形成平面镜表面的像,如图 7-17 所示。

讨论

思考:空气楔的干涉条纹出现在哪个位置?如何通过透镜使它成像到观察屏上?

____

____

____

____

(2) 测量

1) 调节装置以观察间距足够的平行干涉条纹,测量条纹间距 Δx(为了更加精确,通常一次测量很多条纹间隔);

2) 计算平面镜 M_1' 和 M_2 形成的角度 α,注意考虑透镜对条纹的放大作用。

____

____

____

结论:α = ________

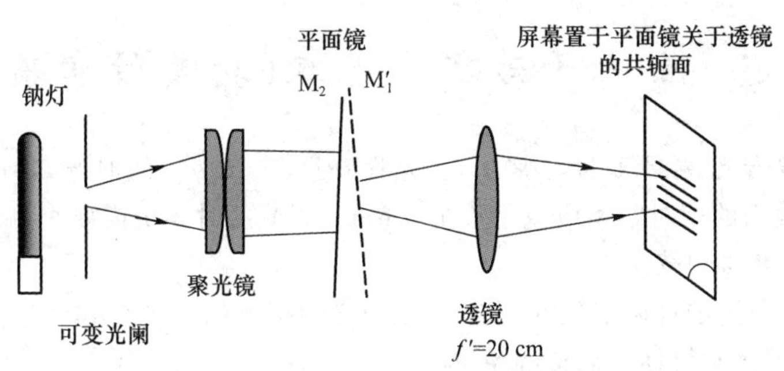

图 7－17　钠灯等厚干涉原理示意图

(3) 对比度调节

1) 移动动镜 M_1 以减少光程差，如图 7－18 所示，可以观察到干涉条纹对比度的变化。

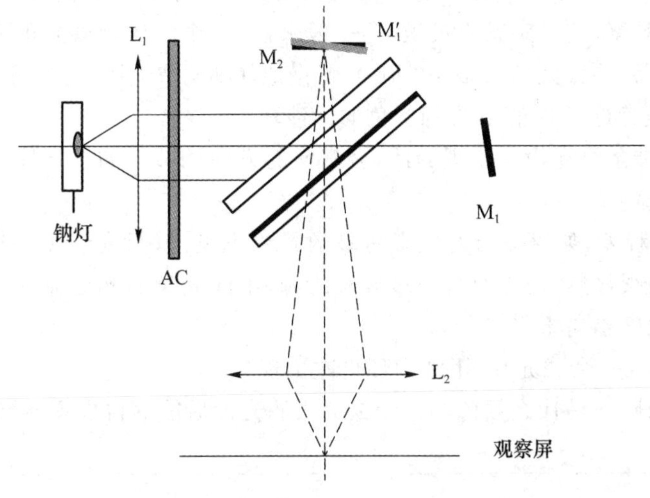

图 7－18　钠灯等厚干涉光路

问题：已知钠灯不是单色光源，为什么移动动镜可以调节干涉条纹的对比度？为什么说在对比度最高的时候，两个反射镜的光程差接近于 0？

2) 减小两个镜面之间的角度：调节两个反射镜到等光程，可以看到对比度很高的干涉条纹；调节两个反射镜，使干涉条纹变宽，直到看到一片均匀的光场，此时干涉条纹之间的距离已经达到厘米量级，也就是镜面尺寸(40 mm)，两个镜面之间的夹角小于 1″，为什么？

7.5 白光干涉现象观察(拓展性实验)

白光是一种复合光,相干长度非常短,在光程差$|\delta|<3\ \mu m$的时候,才能看到干涉图像,因此在这里两个镜面的相对距离应该小于$1.5\ \mu m$! 调节的时候更需要小心谨慎。

(1) 光路的搭建与调节

1) 起始位置:通过钠灯调节到M_1'和M_2近似光学接触($\alpha \simeq 0$ 且 $d \simeq 0$);

2) 小心地记下此时可动平面镜的位置x_0;

3) 切换成白光:把钠灯替换成碘钨灯,调节聚光镜,使光会聚于镜面(与空气膜等倾干涉的调节要求相同);

(2) 观察彩色干涉环

1) 观察彩色干涉环:在光源和可变光阑之间放置一张纸以降低光源亮度,用眼睛通过干涉仪的出光口进行观察(这样观察更灵敏)。一般来讲,这个时候观察到的应该是高级次的白光干涉条纹,因为光程差较大($\delta=2d>3\ \mu m$);慢慢地仔细调节动镜(注意调节方向),使得M_1'和M_2光程差尽可能地趋近于0,直到看到彩色的干涉环。

如果彩色的干涉条纹还没有出现的话,沿相反的方向调节。如果不能很准确找到操作起始位置,最好重新选定x_0。

2) 继续增大光程差,如果美丽的五彩纷呈的景象不见了,只能看见一整块的光亮,这不能说干涉不存在了:很显然,白光有着很多波长的光,不同波长的光对应的条纹相互影响产生模糊状态,使得衬比度趋向于零。

3) 在光路中加入一个滤光片,干涉圆环再次出现。

问题:观察到的圆环是什么颜色?为什么加入滤光片后能够再次观察到干涉圆环?

(3) 观察白光干涉谱

1) 用钠灯作为光源,以平行光照射迈克尔逊干涉仪,观察空气楔等厚干涉条纹;

2) 以白光代替钠灯,观察白光等厚干涉,可以观察到彩色竖直条纹;

3) 调节M_1'和M_2之间的夹角,干涉条纹宽度变大,直至出现一片等亮度光场;

4) 增加M_1'与M_2之间距离,使之形成等效的空气膜。利用直视棱镜在迈克尔逊干涉仪出光口观察,可以看到一系列槽型光谱(黑色条带)。

问题:请解释为什么可以观察到槽形谱?

提示:直视棱镜能观察到入射光的光谱。

直视棱镜或阿米西棱镜(Amici prism)一般由三个棱镜胶合而成,如图7-19所示。中间棱镜为高折射率高色散火石(FLINT)玻璃,两侧棱镜为低折射率低色散冕(CROWN)玻璃。

适当地选择各棱镜的顶角，可使整个棱镜组对某一选定的中间波长光线的偏向角为零，而较短的波长和较长的波长分别偏向中间波长光线的右侧和左侧。这种棱镜可作为手提式看谱镜的色散元件和平面光栅摄谱仪的谱级分离器。

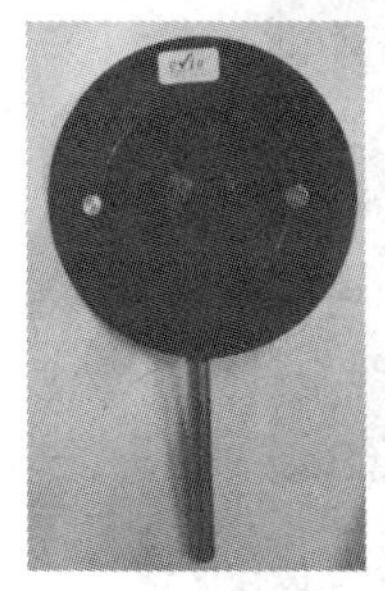
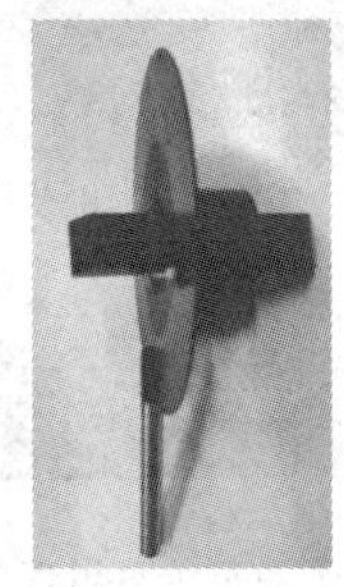
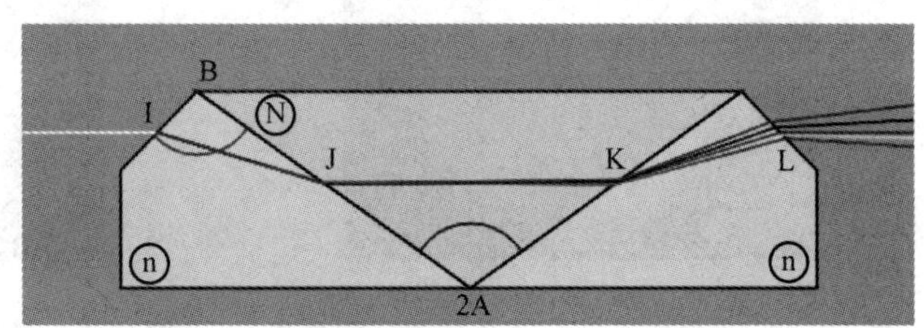

图 7－19　直视棱镜及其构造原理图*

7.6　迈克尔逊干涉仪的初步应用

在使用迈克尔逊干涉仪观察了钠灯的等倾干涉、等厚干涉和白光干涉之后，我们可以利用这些干涉现象进行一些简单的测量。比如在 7.4 节中，我们利用钠光的等倾干涉现象，可以测量计算出动镜的像 M_1' 和定镜 M_2 之间的距离；利用钠光的等厚干涉现象，可以测量计算出动镜的像 M'_1 和定镜 M_2 之间的夹角。在本小节中，我们将利用白光的干涉现象进行更多的测量。

7.6.1　测量盖玻片的厚度

调节迈克尔逊干涉仪，观察白光的等厚干涉现象。此时若在动镜前面放置一片盖玻片，会看到等厚干涉条纹在盖玻片所在的区域消失，如图 7－20。为什么会出现这种现象？

____

____

向某个方向慢慢地移动动镜，一定距离后，会看到彩色条纹出现在盖玻片的区域，而其周围则不再有干涉条纹，如图 7－21 所示，这又是为什么？向哪个方向移动动镜会看到这种现象？如果向相反方向移动动镜的话，也能看到这种现象吗？为什么盖玻片区域的等厚干涉条纹不再笔直？

____

____

____

已知盖玻片的折射率 $n=1.5$，请根据动镜移动的距离，求出盖玻片的厚度。

____

____

____

* 图片来源：http://ressources.univ－lemans.fr/AccesLibre/UM/Pedago/physique/02/optigeo/prismevd.html

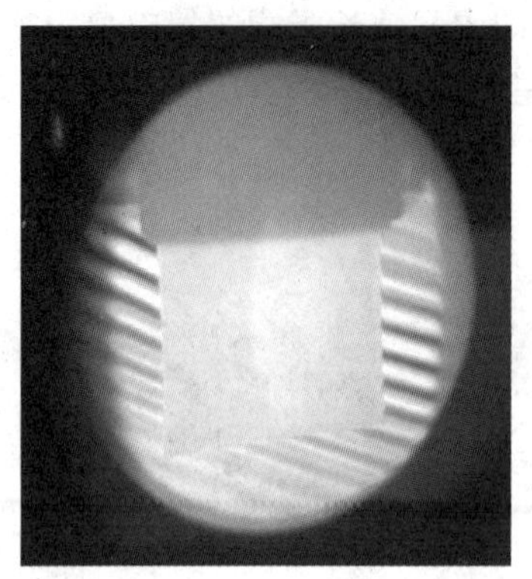

图 7-20　等厚干涉条纹在盖玻片区域消失

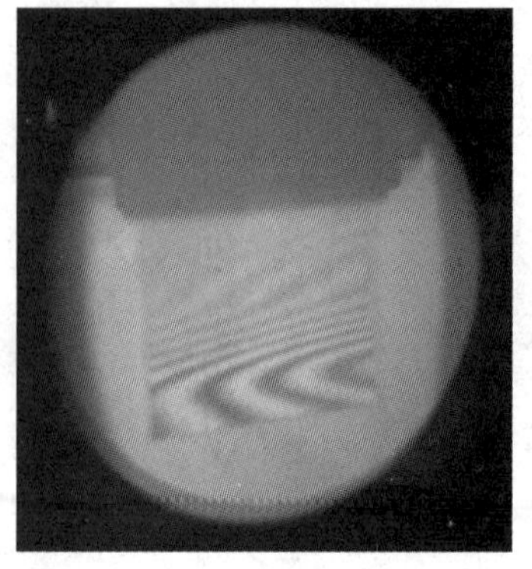

图 7-21　等厚干涉条纹只出现在盖玻片区域

7.6.3　测量盖玻片的楔角

由于制作工艺的限制,盖玻片的上下表面并不是完全平行的,总有一定的夹角。使用钠灯作为光源,调节迈克尔逊干涉仪,使其动镜和定镜达到"光学接触"状态。此时若在动镜前面放置一片盖玻片,会看到等厚干涉条纹出现在盖玻片所在的区域,如图 7-22。为什么会出现这种现象?

图 7-22　盖玻片上的等厚干涉条纹

通过测量盖玻片上直条纹的宽度,求出盖玻片上下表面的夹角。

第 8 章　傅里叶变换光谱仪和光谱测量

利用迈克尔逊干涉仪，使两束光的光程差发生连续改变，干涉光强也会发生相应变化。通过传感器记录干涉光强随光程差的变化曲线，就可以得到干涉图函数，它包含了相干光源的频率和强度信息。对干涉图函数进行傅里叶变换，把时间域函数干涉图变换为频率域函数图，就可计算出光源的强度按频率的分布，这就是傅里叶变换光谱仪的基本工作原理。

傅里叶变换光谱仪克服了色散型光谱仪（如棱镜光谱仪，光栅光谱仪）分辨能力低、光能量输出小、光谱范围窄、测量时间长等缺点。它不仅可以测量各种气体、固体或液体样品的吸收、反射光谱等，而且可用于短时间化学反应测量，在电子、化工、医学等领域均有着广泛的应用。

8.1　实验目的与主要实验器材

8.1.1　实验目的

① 利用迈克尔逊干涉仪，搭建傅里叶变换光谱仪，掌握其工作原理；

② 测量汞灯的光谱分布和滤光片的通带特性。

8.1.2　主要实验器材

① 带动镜驱动马达的迈克尔逊干涉仪，如图 8-1 所示；

② Eurosmart 数据采集卡；

③ 光电传感器（测量系统），可以将光强线性地转换成电压；

④ Latis-Pro 软件；

⑤ 激光器，钠光灯，白光灯（碘钨灯）。

图 8-1　带马达的迈克尔逊干涉仪

⚠ 注意

安全注意事项：

- 千万不要正视激光，更不要将激光射向旁边的同学；
- 绝对禁止用手触摸迈克尔逊干涉仪的镜面。

8.1.3　实验前准备工作

① 经过第 7 章的迈克尔逊干涉仪调整的实验，已经能够完成对迈克尔逊干涉仪的基本调整，其中包括调整补偿板，按要求调整迈克尔逊干涉仪得到平行干涉条纹和环形干涉条纹，也包括调整光程差使之达到光学接触状态。

② 熟悉波动光学相关知识。

8.1.4 实验报告要求

完成附带的实验报告,并且在实验室的电脑上保存用 Latis - Pro 软件得到的图像。

8.2 动镜移动速度测量

8.2.1 激光的等倾干涉

相关理论

在实验中,通过数据采集系统得到的只是光强随时间的变化曲线。要得到光强随光程差的变化曲线,需要通过测得动镜移动速度以获得光程差随时间的变化曲线。利用已知波长的单色光可以测得动镜的移动速度。

(1) 理论回顾

由波长为 λ 的单色光源产生的强度分别为 I_1 和 I_2 的两束相干光,在空间某一点 M 上的光程差是 $\delta(M)$,那么其在此点的光强 $I_T(M)$ 可以用下式给出:

$$I_T(M)=I_1+I_2+2\sqrt{I_1 I_2}\cos\left[2\pi\sigma\delta(M)\right] \tag{8.1}$$

式中,σ 代表波数:$\sigma=1/\lambda$。

(2) 调节

操作

实验装置原理图如图 8 - 2(a)所示。

1) 首先利用激光器作为光源,调节迈克尔逊干涉仪使之出现环形的等倾干涉条纹,并以此为基础调节动镜,使两束光达到等光程(两个反射镜达到光学接触)状态。要求在调整动镜改变光程差的过程中,环形干涉条纹的中心在观察屏上的位置不变。

2) 把光电传感器(图 8 - 2(b))放置于环形条纹的中心处,用信号调理器(放大电路)把光传感器和 EUROSMART 数据采集卡相连,调节 Latis Pro 软件相关参数,观察输入信号。

3) 用手慢慢地转动固定在动镜上的螺旋测微器,观察干涉圆环的吞吐,以及 Latis Pro 软件输入信号幅度的变化,确定仪器能够正常运行。

图 8 - 2 实验装置原理图

4) 启动马达,动镜将在马达的带动下匀速移动,干涉圆环的吞吐将引起 Latis Pro 软件输

入信号的连续变化。记录变化曲线大约一分钟，得到激光干涉光强随时间的变化曲线。

8.2.2　测量动镜的移动速度

由图 8－3 所示放大电路原理图可知，光电传感器的直流分量已经被电容隔离，进入数据采集器的信号只包含交流分量，因此式(8.1)可以表示为

$$I(M)=2\sqrt{I_1 I_2}\cos[2\pi\sigma\delta(M)] \tag{8.2}$$

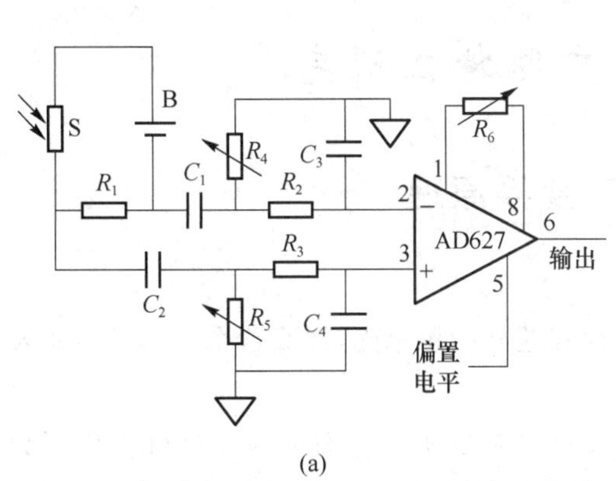

(a)

(b)

图 8－3　放大电路原理图和实物图

经后续放大电路处理后，得到的光强随时间的变化曲线如图 8－4 所示：

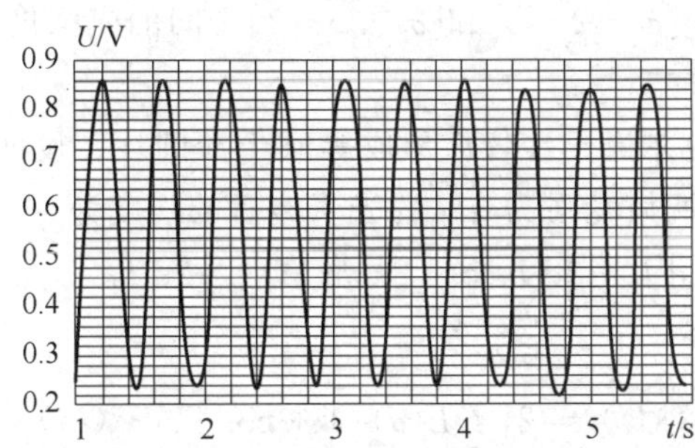

图 8－4　激光干涉光强随时间的变化曲线(光强用电压表示)

由迈克尔逊干涉仪的工作原理可知，在等倾干涉中产生第 k 级干涉圆环的条件是

$$2d\cos\varphi=k\lambda$$

式中，d 为 M_2 与 M_1 的反射像之间的等效距离，φ 是圆形干涉条纹的倾角。

设动镜的移动速度为 v，上式中的 $d=vt$，由此可得

$$2vt\cos\varphi=k\lambda \tag{8.3}$$

在动镜移动过程中，对于观察屏上的某一点，$2vt\cos\varphi$ 每变化一个 λ，则对应的条纹级次将由 k 变成 $k+1$ 或 $k-1$，即圆环中心位置有一个吐(或吞)。

实际测量时，可将传感器放置在圆环中心，此时 $\varphi=0$，$\cos\varphi=1$，上式变为

$$2vt=k\lambda$$

如果已知激光的波长，通过光强随时间的变化曲线，可以得到平面镜移动的速度。计算时

建议至少取一百个吞吐的曲线。

利用 Latis Pro 软件,可以很容易得到 100 个周期(吞吐)的时间 T_{100},由此可以得到动镜的移动速度为

$$v=\frac{100\lambda}{2\,T_{100}}$$

根据测得的动镜速度,就可以把干涉光强随时间变化的曲线,转换成干涉光强随光程差变化的曲线,从而得到干涉图函数。

8.3 干涉滤光片的特性研究

8.3.1 迈克尔逊干涉仪的傅里叶变换原理

相关理论

严格地说,绝对的单色光是不存在的。如果存在这样的单色光,那么这个光的波列振动就需要持续无限长的时间,这种现象是不存在的。

换句话说,所有的光源都有一个光谱宽度,在这个宽度范围内有对应不同强度的光谱分布:即使是一个非常接近于单色光的光源,光谱宽度很小但也不是零,所以可以称为“准单色光”,它的光强分布可以描述为

$$\mathrm{d}\,I_0=L(\sigma)\mathrm{d}\sigma \tag{8.4}$$

这里 $\mathrm{d}I_0$ 表征波数位于$[\sigma_0-\Delta\sigma/2]$和$[\sigma_0+\Delta\sigma/2]$之间的光强度,其中 σ_0 是准单色光中心波长对应的波数,$\Delta\sigma$ 是波数差。

此准单色光入射到迈克尔逊干涉仪后形成等倾干涉圆环。设两束干涉光的强度相等,那么由式(8.1)可知,在 M 点两束光强为 $\mathrm{d}I_0$ 的光干涉后的强度为

$$\mathrm{d}\,I_T(M)=\mathrm{d}\,I_0+\mathrm{d}\,I_0+2\mathrm{d}\,I_0\cos\left[2\pi\sigma\delta(M)\right]=2\mathrm{d}\,I_0\{1+\cos\left[2\pi\sigma\delta(M)\right]\}$$

于是可以得到总的光强:

$$I_T(\delta(M))=2\int_{-\infty}^{+\infty}L(\sigma)\{1+\cos\left[2\pi\sigma\delta(M)\right]\}\mathrm{d}\sigma \tag{8.5}$$

去掉直流分量后,可以得到

$$I(\delta(M))=2\int_{-\infty}^{+\infty}L(\sigma)\cos\left[2\pi\sigma\delta(M)\right]\mathrm{d}\sigma \tag{8.6}$$

上式便是光谱分布函数 $L(\sigma)$ 的傅里叶变换,也就是说通过迈克尔逊干涉仪得到的干涉图函数,可以得到光谱分布函数的傅里叶变换。

傅里叶变换是一个可逆变换,所以利用干涉图函数 $I(\delta(M))$ 的逆傅里叶变换,可以得到光源的光谱分布函数 $L(\sigma)$。

8.3.2 准单色光

不同的准单色光,其光谱分布函数也不同。

(1) 矩形分布

为便于理解,首先介绍一种理想的光谱分布函数:矩形分布,如图 8-5 所示。

其分布函数可以表述为

$$L(\sigma)=\begin{cases} L_0 & \sigma\in\left[\sigma_0-\dfrac{\Delta\sigma}{2},\sigma_0+\dfrac{\Delta\sigma}{2}\right] \\ 0 & \sigma\notin\left[\sigma_0-\dfrac{\Delta\sigma}{2},\sigma_0+\dfrac{\Delta\sigma}{2}\right] \end{cases},\quad \Delta\sigma\ll\sigma_0 \tag{8.7}$$

此光源经迈克尔逊干涉仪得到的干涉图函数为

$$\begin{aligned} I_T(\delta) &= 2\int_{\sigma_0-\frac{\Delta\sigma}{2}}^{\sigma_0+\frac{\Delta\sigma}{2}} L_0\{1+\cos[2\pi\sigma\delta]\}\mathrm{d}\sigma \\ &= 2L_0\Delta\sigma+\frac{2L_0}{2\pi\delta}\left\{\sin\left[2\pi\left(\sigma_0+\frac{\Delta\sigma}{2}\right)\delta\right]-\sin\left[2\pi\left(\sigma_0-\frac{\Delta\sigma}{2}\right)\delta\right]\right\} \\ &= 2L_0\Delta\sigma\left[1+\frac{\sin(\pi\Delta\sigma\delta)}{\pi\Delta\sigma\delta}\cdot\cos(2\pi\sigma_0\delta)\right] \\ &= 2I_0\left[1+\frac{\sin(\pi\Delta\sigma\delta)}{\pi\Delta\sigma\delta}\cdot\cos(2\pi\sigma_0\delta)\right] \\ &= 2I_0[1+\sin c(\pi\Delta\sigma\delta)\cdot\cos(2\pi\sigma_0\delta)] \end{aligned}$$

式中，$I_0=L_0\Delta\sigma$

其干涉图如图 8－6 所示。图中包含了直流分量 $2I_0$。

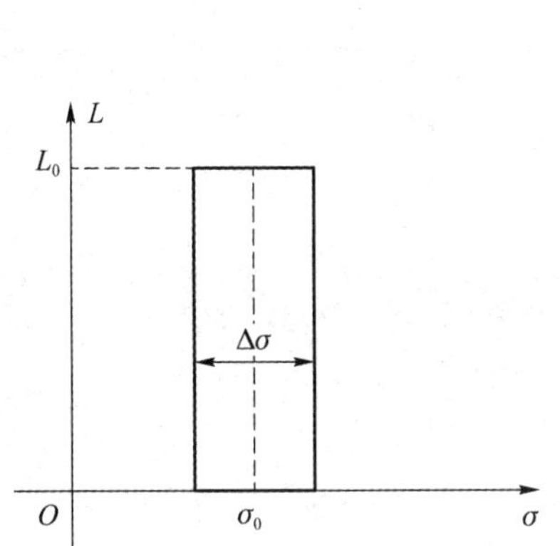

图 8－5　矩形分布光谱

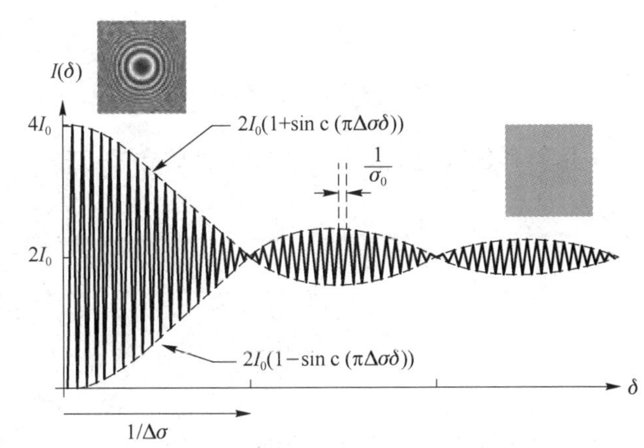

图 8－6　矩形光谱的干涉图曲线

由图 8－6 可知：

1）干涉图曲线中高频分量的周期为 $1/\sigma_0$，由此可以得到该准单色光的中心波长；

2）在 $\delta=1/\Delta\sigma$ 处为包络的波节，由此可以根据干涉图曲线得到光源的光谱宽度；

3）由 σ_0 和 $\Delta\sigma$，还可以得到该准单色光的相干长度等信息。

现实中的光源很少有矩形分布。下面介绍两种常见的光谱分布函数。

（2）高斯（Gauss）分布

这是一种 $\exp(-x^2)$ 形式的分布函数：

$$L(\sigma)=L_0\,e^{-\frac{(\sigma-\sigma_0)^2}{(\Delta\sigma)^2}} \tag{8.8}$$

处理

请回答：

1）在这个方程中 σ_0 代表什么？＿＿＿＿＿＿＿＿＿＿＿＿＿＿＿＿

2）方程中的 $\Delta\sigma$ 又代表什么？______

3）在 $\Delta\sigma$ 变小的情况下，函数 $L(\sigma)$ 的图像怎么变化？□变窄　□变宽

4）画出一个这种函数的曲线图：

通过对这个高斯函数经过傅里叶变换得到

$$I(\delta)=\pi L_0 \cdot \Delta\sigma \cdot e^{-(\pi \cdot \Delta\sigma \cdot \delta/2)^2} \cdot \cos(2\pi\sigma_0\delta) \tag{8.9}$$

显然这是一个快波(周期很小的函数)与一个慢波(周期很大的函数)的乘积。

5）请画出这个函数的曲线图：

6）请解释包络线 $I_{max}/2$ 位置处宽度的含义：

7）在这个宽度中包含几个快波的周期？

______

8）请根据上述结果，对“如果存在这样的单色光，那么这个光的波列振动就需要持续无限长的时间。”这一说法进行评价：______

9）找出那些余弦值为 1 的点(即上包络线上的点)，以 $ln(I)$ 为纵坐标，以 δ^2 为横坐标，画出 $ln(I)-\delta^2$ 曲线：

(3) 洛仑兹(Lorentz)分布

这是一种 $1/(1+x^2)$ 形式的分布函数,光学中用如下形式表示:

$$L(\sigma)=L_0\cdot\frac{(\Delta\sigma/2)^2}{(\sigma-\sigma_0)^2+(\Delta\sigma/2)^2} \tag{8.10}$$

1) 在这个方程中 σ_0 代表什么? ____________________

2) 方程中的 $\Delta\sigma$ 又代表什么? ____________________

3) 在 $\Delta\sigma$ 变小的情况下,函数 $L(\sigma)$ 的图像怎么变化? □变窄,□变宽。

4) 画出一个这种函数的曲线图:

通过对洛仑兹分布进行傅里叶变换得到:

$$I(\delta)=\pi L_0\left(\frac{\Delta\sigma}{2}\right)\cdot e^{-(\pi\cdot\Delta\sigma\cdot|\delta|)}\cdot\cos(2\pi\sigma_0\delta) \tag{8.11}$$

显然这也是一个快波(周期很小的函数)与一个慢波(周期很大的函数)的乘积。

5) 请画出这个函数的曲线图:

6) 请解释包络线 $I_{max}/2$ 位置处宽度的含义。

____

7) 在这个宽度中包含几个快波的周期?

____

8) 请根据上述结果,对"如果存在这样的单色光,那么这个光的波列振动就需要持续无限长的时间。"这一说法进行评价: ____________________

____

9) 找出那些余弦值为 1 的点(即上包络线上的点),以 $ln(I)$ 为纵坐标,以 δ 为横坐标,画出 $ln(I)-\delta$ 曲线:

10）此曲线与前面介绍的高斯曲线有不同吗？______

11）请以 $ln(I)$ 为纵坐标，以 δ^2 为横坐标，画出 $ln(I)-\delta^2$ 曲线：

8.3.3 实验研究

在下面的实验中，激光器将被替换成白光灯，并会在白光灯前面放置干涉滤光片。

这个滤光片只允许在通带中心波长附近非常窄的波长范围内的光通过。把这个中心波长记作 λ_0，通带波长范围记作 $\Delta\lambda$。或者也可以采用另一种记法：把这个中心波长对应的波数记作 σ_0，相应的通带波长范围对应的波数差记作 $\Delta\sigma$。

这种情况下，整个系统(包括白光光源和干涉滤光片)等价于一个光谱非常窄的光源，接下来就要用傅里叶光谱分析的方法对其进行研究。

操作

(1) 记录干涉图

1）在出射光路上放置观察屏，调整迈克尔逊干涉仪动镜 M_1 使之与定镜 M_2 光学接触：由于使用白光光源，所以很容易判断是否达到光学接触状态，因为只有在这种零光程差附近，才能观察到白光的干涉图像。

2）在白光灯前放置干涉滤光片，确认动镜移动过程中，圆环中心位置基本不变。

3）继续同方向移动动镜，直至至少出现 5 次衬见度最大到最小的变化。撤掉观察屏使光直接进入光电传感器；启动马达使动镜向反方向移动，通过 Latis Pro 软件记录干涉光强的变化曲线，在包络曲线上应该能明显地观察到最大值(至少到第五个最大值)的递增递减趋势。

耐心地进行大约两分钟的记录，不要忘记用 Latis - Pro 软件的“Zoom”功能可以帮助实现标尺的放大。

处理

(2) 干涉滤光片参数分析

根据得到的干涉图曲线，回答以下问题：

1）该干涉滤光片通带中心波长 λ_0 是多少？要求写出计算过程。

答：______

______

2）该干涉滤光片通带波长范围 $\Delta\lambda$（用 nm 表示）是多少？要求写出计算过程。

答：______

______

3）白光通过该干涉滤光片后，其相干长度为多少？要求写出计算过程。

答：______

(3) 干涉滤光片出射光的谱线分析

在干涉图上找到幅值(光强)最大值的位置,在中心包络两侧等间隔各取 4 个点,得到 9 个点的光强 I 和位置 δ,建议两侧最后一个点(第 4 个点)对应的幅值约为最大值的 1/5。

请画出下面两个图像:

1) $ln(I)-\delta$ 图

2) $ln(I)-\delta^2$ 图

3) 这个可通过波段是:□高斯分布　□洛仑兹分布　□都不是

8.4　汞灯双黄光谱特性研究

8.4.1　双谱线光干涉

相关理论

简单起见,假设两条谱线的光强和光谱分布都相同。

(1) 矩形分布

对于矩形分布,其光谱曲线如图 8-7 所示。

由这两条谱线产生的干涉图函数可以用下式表示:

$$I_T(\delta)=2L_0\cdot\Delta\sigma_R\cdot\frac{\sin(\pi\Delta\sigma_R\delta)}{\pi\Delta\sigma_R\delta}\cdot\cos(2\pi\sigma_1\delta)+2L_0\cdot\Delta\sigma_R\cdot\frac{\sin(\pi\Delta\sigma_R\delta)}{\pi\Delta\sigma_R\delta}\cdot\cos(2\pi\sigma_2\delta)+4L_0\cdot\Delta\sigma_R$$

式中,$\Delta\sigma_R$ 和是表征每条谱线宽度的参数。

去掉直流分量后得到:

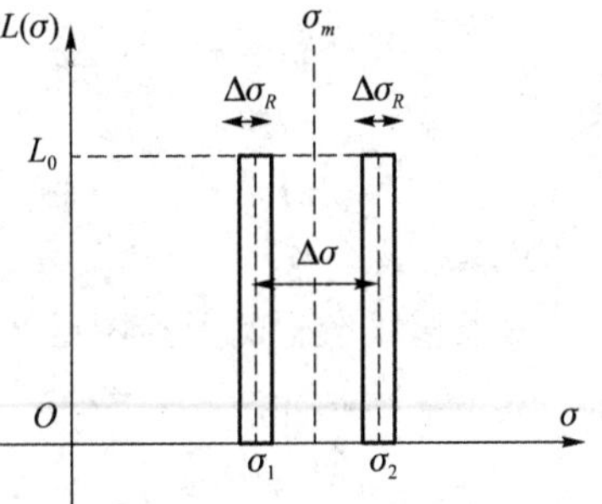

图 8-7　矩形分布的双光谱

$$I_T(\delta)=2L_0\cdot\Delta\sigma_R\cdot\frac{\sin(\pi\Delta\sigma_R\delta)}{\pi\Delta\sigma_R\delta}[\cos(2\pi\sigma_1\delta)+\cos(2\pi\sigma_2\delta)]$$
$$=4L_0\cdot\Delta\sigma_R\cdot\frac{\sin(\pi\Delta\sigma_R\delta)}{\pi\Delta\sigma_R\delta}[\cos(\pi\Delta\sigma\delta)\cdot\cos(2\pi\sigma_m\delta)] \tag{8.12}$$

式中,$\Delta\sigma$ 是两条谱线的波数差,σ_m 是两条谱线波数的平均值。

由于 $\Delta\sigma_R<\Delta\sigma,\Delta\sigma\ll\sigma_m$,干涉图函数可以看成是三个函数的乘积:第一个周期很大,第二个中等周期,第三个周期很小。

同样,由干涉图可以得到参数 σ_m,$\Delta\sigma$ 和 $\Delta\sigma_R$ 的值,由此可以得到双光谱的平均波长、波长差,以及谱线的宽度。

注意不要混淆谱线宽度 $\Delta\sigma_R$ 和上面提到的波数差 $\Delta\sigma$ 的概念。

讨论

问题 1:

把黄光的双线谱想象成一条单线谱,那么平均波长 λ_0 是多少?要求写出计算过程。

答:____

____

问题 2:

这个单线谱的光谱宽度 $\Delta\lambda$(用 nm 表示)是多少?要求写出计算过程。

答:____

____

问题 3:

这个单线谱的相干长度为多少?要求写出计算过程。

答:$L=$____

____

____

(2) 高斯分布

相关理论

由两条谱线产生的干涉图函数可以用下式表示:

$$I(\delta)=\pi L_0\cdot\Delta\sigma_R\cdot e^{-(\pi\cdot\Delta\sigma_R\cdot\delta/2)^2}\cdot\cos(2\pi\sigma_1\delta)+\pi L_0\cdot\Delta\sigma_R\cdot e^{-(\pi\cdot\Delta\sigma_R\cdot\delta/2)^2}\cdot\cos(2\pi\sigma_2\delta)$$

即有

$$I(\delta)=\pi L_0\cdot\Delta\sigma_R\cdot e^{-(\pi\cdot\Delta\sigma_R\cdot\delta/2)^2}[\cos(2\pi\sigma_1\delta)+\cos(2\pi\sigma_2\delta)]$$

或者

$$I(\delta)=2\pi L_0\cdot\Delta\sigma_R\cdot e^{-(\pi\cdot\Delta\sigma_R\cdot\delta/2)^2}\cdot\cos[\pi(\sigma_1-\sigma_2)\delta]\cdot\cos[\pi(\sigma_1+\sigma_2)\delta] \tag{8.13}$$

(3) 洛仑兹分布

由两条谱线产生的干涉图函数可以用下式表示:

$$I(\delta)=\pi L_0\cdot\left(\frac{\Delta\sigma_R}{2}\right)\cdot e^{-(\pi\cdot\Delta\sigma_R\cdot|\delta|)}\cdot\cos(2\pi\sigma_1\delta)+\pi L_0\cdot\left(\frac{\Delta\sigma_R}{2}\right)\cdot e^{-(\pi\cdot\Delta\sigma_R\cdot|\delta|)}\cdot\cos(2\pi\sigma_2\delta)$$

即有

$$I(\delta)=\pi L_0\cdot\left(\frac{\Delta\sigma_R}{2}\right)\cdot e^{-(\pi\cdot\Delta\sigma_R\cdot|\delta|)}\cdot[\cos(2\pi\sigma_1\delta)+\cos(2\pi\sigma_2\delta)]$$

或者

$$I(\delta)=\pi L_0 \cdot \Delta\sigma_R \cdot e^{-(\pi \cdot \Delta\sigma_R \cdot |\delta|)} \cdot \cos[\pi(\sigma_1-\sigma_2)\delta] \cdot \cos[\pi(\sigma_1+\sigma_2)\delta] \qquad (8.14)$$

高斯分布和洛仑兹分布干涉图函数也可以写成三个函数的乘积：第一个周期很大，第二个中等周期，第三个周期很小。

8.4.2　获取并观察汞灯双黄光谱干涉图

操作

(1) 记录干涉图

1) 在上面的实验中，把光源换成汞蒸汽灯，在隔热镜前加一个黄光滤光片。

2) 再次确认干涉图像的圆环中心与光电传感器的位置重合，并在动镜移动过程中，圆环中心位置基本不变。

3) 调整迈克尔逊干涉仪到光学接触状态，然后继续同方向移动动镜，直至至少出现 4 次衬见度最大到最小的变化。启动马达使动镜向反方向移动，通过 Latis Pro 软件记录干涉光强的变化曲线。

4) 记录大约十分钟的干涉图样（需要观察到至少 7 到 8 个波腹 ）。

理论上需要看到它是关于零光程差位置对称的曲线。

(2) 观察干涉图

从记录的干涉图样，相信大家已经注意到了两个非常重要的特征：

1) 干涉图曲线包络存在波节和波腹；

2) 波腹的振幅逐渐减小，最后变得非常小。

讨论

问题 1：波节和波腹的存在，可以用下面的参数解释吗？

1) 两条谱线对应的波数 σ_1 和 σ_2：□是，□否；

2) 两条谱线的波数差 $\Delta\sigma$：□是，□否。

问题 2：振幅随着光程差 δ 的增加而减小，原因应该归结于：

1) 两条谱线对应的波数 σ_1 和 σ_2：□是，□否；

2) 两条谱线的波数差 $\Delta\sigma$：□是，□否。

8.4.3　汞灯双黄光谱干涉图分析

处理

请根据汞蒸汽灯黄光双线谱的干涉图，画出下面两条曲线图像：

(1) $ln(I)-\delta$ 图。

(2) $ln(I)-\delta^2$图。

讨论

问题1: 把汞蒸汽灯黄光双线谱看作是一条单线谱,那么平均波长 λ_0 是多少?要求写出计算过程。

答: ____________________

____

问题2: 汞蒸汽灯黄光双线谱的波长差 $\Delta\lambda$ 是多少?两条谱线的波长 λ_1 和 λ_2 各是多少?要求写出计算过程。

答: ____________________

____

问题3: 汞蒸汽灯黄光双线谱中,每条谱线的宽度是多少?要求写出计算过程。

答: ____________________

____

问题4: 汞蒸汽灯黄光双线谱的相干长度为多少?要求写出计算过程。

答: $L=$ ____________________

____

参考文献

[1] 刘佳,徐平,陈子瑜,等. 诺莫图法在薄透镜和球面镜成像分析中的应用[J]. 大学物理, 2010, 29(6):5-8.

[2] 朱凯翔,徐平,焦洪臣,等. 傅里叶变换光谱仪用于白光光谱测量的实验设计[J]. 大学物理, 2014,31(6):47-50.

[3] 刘佳,徐平,陈子瑜,等. 利用白光干涉谱测定云母片的快慢轴[J]. 大学物理, 2011,30(9):43-44,49.

[4] 王峥,徐平,王文文,等. 瑞利散射和米氏散射现象的实验演示[J]. 物理实验,2010,30(7):27-29.

[5] 郭永康. 光学[M]. 北京:高等教育出版社. 2005.

[6] 赵海发,辛丽,方光宇,等. 大学物理实验[M]. 2 版. 北京:高等教育出版社,2015.

[7] 钟锡华,陈熙谋. 光学・近代物理[M]. 北京:北京大学出版社,2002.

[8] 赵凯华. 光学[M]. 北京:高等教育出版社,2004.

[9] 高文琦. 光学[M]. 南京:南京大学出版社,2000.

[10] 陈守川,杜金潮,沈剑峰. 新编大学物理实验教程[M]. 杭州:浙江大学出版社,2011.

[11] 路峻岭. 物理演示实验教程[M]. 2 版. 北京:清华大学出版社,2015.

[12] 吕斯骅,段家忯,张朝晖. 新编基础物理实验[M]. 2 版. 北京:高等教育出版社,2013.

[13] 李恩普. 大学物理实验[M]. 北京:国防工业出版社,2004.

[14] 李林. 应用光学[M]. 北京:北京理工大学出版社,2010.

[15] 李朝荣,徐平,唐芳,等. 基础物理实验[M]. 北京航空航天大学出版社,2010.

[16] 马科斯・玻恩,埃米尔・沃耳夫. 光学原理[M]. 杨葭荪,译. 7 版. 北京:电子工业出版社,2009.

[17] 顾宏. 物理光学简明教程[M]. 北京:清华大学出版社,2018.

[18] Lipson SG, Lipson H, Tannhauser D S. Optical Physics[M]. Cambridge:Cambridge University Press,1995.

[19] Katz M. Introduction to Geometrical Optics[M]. Penumbra Publishing Co. ,1994.

[20] Pérez JS, Anterrieu E. Optique:Fondements et applications, avec 250 exercices et problèmes résolus - 7e édition[M]. Paris: Dunod,2020.

[21] Champeau JR. Ondes lumineuses : propagation, optique de Fourier, cohérence[M]. Gotham:De Boeck,2009.

[22] Taillet R. Optique physique:Propagation de la lumière[M]. Gotham:De Boeck,2015.